中国文化遗产
China Cultural Heritage

应焕祺 著

中国传统杆秤

Chinese Traditional Steelyard

浙江科学技术出版社

图书在版编目(CIP)数据

　　中国传统杆秤/应焕祺著.—杭州:浙江科学技术出版
社,2017.12
　　ISBN 978-7-5341-7891-7

　　Ⅰ.①中… Ⅱ.①应… Ⅲ.①杆秤-介绍-中国 Ⅳ.①TH
715.1

　　中国版本图书馆 CIP 数据核字(2017)第 211911 号

书　　名	中国传统杆秤	
著　　者	应焕祺	
出版发行	浙江科学技术出版社	
网　　址	www.zkpress.com	
	杭州市体育场路 347 号	
	邮政编码:310006	
	编辑部联系电话:0571-85152719	
	销售部联系电话:0571-85171220	
	E-mail:zkpress @ zkpress.com	
排　　版	杭州大漠照排印刷有限公司	
印　　刷	杭州富春印务有限公司	
经　　销	全国各地新华书店	
开　　本	787×1092　1/16	印　张　12.5
字　　数	272 000	
版　　次	2017 年 12 月第 1 版	2017 年 12 月第 1 次印刷
书　　号	ISBN 978-7-5341-7891-7	定　价　88.00 元

责任编辑	詹　喜	封面设计	金　晖
责任校对	顾旻波	责任印务	叶文炀

　　中国文化遗产标志是国家文物局采用在商周时期四川成都金沙遗址出土的黄金饰品"四鸟绕日"为原型制定的。

　　黄金饰件（即太阳神鸟）的外径为 12.5 厘米，内径为 5.29 厘米，厚度为 0.02 厘米，重量 20 克，外廓呈圆形，图案分内外两层，采用十二条锯齿状尾巴的内漩涡，其外有四只镂空的大鸟逆漩涡方向飞翔。将这件金饰置于红色的衬底上观看，不难发现它内层的漩涡形图案就是一个旋转的火球，外层的飞鸟图案则是围绕着火球飞舞的红鸟。

　　四鸟漩涡纹金饰表现的是太阳与太阳神鸟的故事。在中国的远古神话传说中，太阳就是阳鸟和凤凰。这一金饰图案所表达的是追求光明、团结奋进、和谐包容的精神寓意，彰显了我国政府和人民保护文化遗产的强烈责任心和神圣使命感。

本书由浙江省永康市古山镇金江龙村应利民先生友情资助出版

前　言

　　杆秤是超地域、超时空的瑰宝，具有深厚的人文历史文化底蕴和艺术气息，凝聚着先贤的智慧。杆秤不仅有着独特的魅力，反映了享有"衡器之乡"美誉的浙江省永康市源远流长的秤文化，也促进了当代中国五金之都的辉煌。

　　21世纪以来，我国社会发展很快，电子秤的应用已经非常广泛，加之国家限制使用杆秤，因此杆秤的生存空间越来越小。传承工艺的匠师都已是花甲老汉，皆是"祖辈级"人物，可谓是"末代工匠"了，而且后继乏人，致使在永康这片热土上，杆秤制作已今非昔比，而在最近几年的时间里，情况更是急转直下。技术更替、产品换代是不可避免的，过去常见的售盐秤、售肉秤、卖柴草秤和用于交易珍稀药物的戥秤等，人们只能从历史的陈迹中，听老人们讲述了。一旦失去了见证物，传承几千年的秤文化将在我们这一代人的视野中被湮没。因此，趁秤工们健在，我全力以赴，抢救性地记录了杆秤制作的发展与传承，搜集整理、深入发掘、完整剖析传统杆秤文化，书写工匠们艰苦奋斗的精神。

　　永康市是我的故乡，素有"五金艳放耀四海，百艺腾飞跨九州"之称。我在青少年时曾耳闻目睹许多工匠在家门口叮叮当当制作杆秤的情景，至今仍记忆犹新，并对此有着难以割舍的情怀。作为一个生于浓郁乡土气息的永康芝英古镇的土著，我有着天时、地利的优势，更有人和、认知的便利条件。且该镇又有众多著名的制作杆秤老师傅，永康传统木杆秤多次获得世界基尼斯之最，戥秤还被选为国礼走出国门，这些荣耀，促使我不遗余力地做一名传播秤文化的使者。我记录杆秤的目的，旨在弘扬中华传统优秀文化，给后人留下一些客观、完整的珍贵史料。因此，我下决心去拍摄匠师们制作杆秤的过程与生活点滴，并记录下他们外出谋生的那些艰辛岁月。我无数次往返奔波于乡村纵横交错的泥土卵石路上，寻找秤文化鲜为人知的印记，在青砖黛瓦的房间里，与老师傅面对面地切磋。就这样，我花了 10 多年时间，寒来暑往，坚持不懈走遍永康的山山水水，记录制作杆秤的全过程，拍摄了专供收藏的、现今世界上计量最大的工艺木杆秤，复古的钱、分、厘的骨杆戥秤，当代电化铝合金杆秤等。同时，我还拍摄了与杆秤配套的木秤杆、秤钩、秤纽和秤砣的制作过程，以及当年永康繁荣的衡器市场销售场景等。

多年来，我千方百计地寻找记录古代遗存的各种大小式样与斤两的木杆秤和戥秤，以及旧时若干散落在民间的丰富多彩的铜、铁、石等制成的秤砣。

在撰写《中国传统杆秤》的过程中，我查阅了大量有关斤两起始发展演变的资料、史书及中华人民共和国成立后国家颁布的有关计量的原始文件。我多次与老匠师沟通，将他们制作杆秤的工艺及行规、行话和忌讳等，经认真整理、分析，在反复推敲、查证、核对的基础上，严谨地完成了文稿，并精选了 700 多幅图片，这是旧时各种史料不可比拟的。因此，本书是迄今比较完整的首部兼具可读性、专业性和史料性的传统杆秤专著，填补了相关研究和出版领域的空白，作为国史有效的拾遗补阙，对后人研究我国衡器发展史，亦具有一定的借鉴参考价值。

本书被列入 2017 年度金华市社会科学联合会重点课题。

我在记录杆秤的过程中，承蒙中国摄影理论家、中国摄影出版社原副社长陈申先生不辞辛苦亲莅敝舍，对我热衷记录传统民生文化给予高度评价，并热诚指导；本书的编写还得到浙江省永康市文物管理委员会的支持，特为此向国家文物局申请"中国文化遗产"的标志，经国家文物局批准，授权我在图书出版、图片展览及报刊等处使用该标志；经国家博物馆授权，书中刊载了该馆先秦时期的珍贵藏品——铜秤砣图片，为秦代计量提供了非常重要的实物佐证，以弥补传统文献记载的不足；永康市档案局负责人，帮助查阅了有关衡器方面的文件、史料；永康市博物馆提供了元代铜秤砣图片；浙江萧山民间收藏协会会长金雷大和杭州萧山民间杆秤陈列馆高德根先生热情协助拍摄杆秤，并提供部分资料；永康市杆秤收藏者应志明先生提供其藏品供拍摄。在本书编写过程中，永康市图书馆馆长徐关元和芝英历史文化研究会给予了的大力支持，众多匠师耐心、诚恳地给予了指点，一些加工杆秤配件的作坊给予了热情的帮助，许多好心人提供了有关秤文化的点滴信息。由于各位同人的帮助、亲人的理解与给力，我终于为自己的梦想画上了圆满的句号，在此一并表示衷心感谢。

因笔者水平有限，书中疏漏之处在所难免，敬请专家、读者赐教，实所企盼。

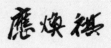

2017 年 8 月 8 日

目录

一、杆秤起始

　　传统木杆秤已有两千多年的历史，一直沿用至今。杆秤不仅是简单的计量工具，更是一种艺术，一种风情。

　　中国是世界上最早使用法制计量的文明古国，无论在计量精度，还是在计量单位和计量管理体制上，都有着悠久的历史。

　　杆秤是运用"四两拨千斤"之杠杆原理的典范，亦是我国科技史上的重大发明，堪称华夏"国粹"，且被誉为"中国优秀传统文化的活化石"。它是古老文明的标志之一，其文化可谓博大精深，是中华民族的骄傲。

　　在原始社会，人类是采用手掂一掂的方法来估量轻重，传说夏禹凭借自己的身长和体重来测量货物的重量。

　　四千多年前的夏代，中国即开始用权衡（原始天平）作为称重量的工具。

◆ 制作木杆秤资深行家应悬柳在鉴定用汞合金涂抹秤星的长 1.8 米、最大称量 450 市斤的木杆秤

◆ 用汞合金涂抹秤星，日久氧化后该秤的秤星痕迹

◆ 现代，仿古的天平（萧山民间杆秤陈列馆馆藏）

◆ 古代，一只麻绳纽、龙凤铁钩、石秤砣的树本色木杆秤

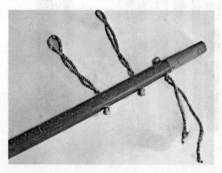

◆ 古代，两只麻绳纽、麻绳钩的木杆秤

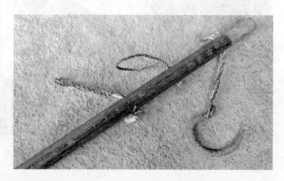

◆ 古代，两只麻绳纽、绳铁秤钩的木杆秤

杆秤的构造原理一直是中国古代科学界，特别是数学界稔熟的经典课题。古人不仅科学地把握了杆秤自重对秤重的影响，以及对应换算的这一构造原理，而且将其作为经典数学题目，在明、清的算章和考题中专列一类。

春秋战国时期，我国劳动人民就已掌握了杠杆原理，并应用桔槔提水灌溉。《墨经》中详细地记载了经济学、几何学、天平和杆秤的力学原理，原文是："衡而必正，说在得衡，加重于其一旁，必垂。权，重相若也，相衡，则本短标长。两相加焉，重相若，则标必下，标得权也。挈有力也，引无力也，不正，所挈之正，正于施(移)也。"这段话的意思是说，长的一端要下垂，轻的一端要上翘，如果没有任何倾斜，说明两者是相等的，这可能就是最早的杆秤理论。木杆秤是典型的不等臂单杠杆秤。

秤杆利用杠杆的平衡原理，以提纽为支点左右两边应达到平衡，即左边的重物的重力与左边力臂的乘积应与右边砣的重力与右边力臂的乘积相等，因砣的重力不变，则当物体较重时，右边应要求力臂长一些，故应增大右边长度、减小左边长度，即应换用离秤钩较近的提纽。

我国早在春秋时期，就有了计量工具——杆

 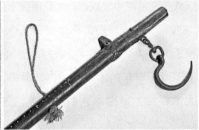 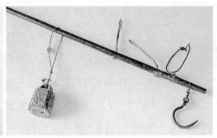

◆ 古代，三只麻绳纽、麻绳铁秤钩的木杆秤　◆ 古代，一只尖头苏铁纽、一只麻绳纽、挂牌式铁秤钩的木杆秤　◆ 古代，一只尖头苏铁纽、两只麻绳纽、挂排式铁秤钩、铁秤砣的大木杆秤

秤，它是封建社会至近现代最基本的衡器，也是两千多年间中国发展经济最重要的计量器具。

据载，在湖南长沙东郊楚墓出土的公元前700年的文物中，已有各种精制的砝码、秤杆、秤盘、系秤盘的丝线和提绳等。

相传春秋时政治家范蠡在经商时发现，人们在市场买卖东西都是用眼来估堆的，很难做到公平交易，他即产生了创造一种测定货物重量的工具的想法。一天，范蠡在经商回家的路上，偶然看见农夫从井中汲水，方法极其巧妙，在井边竖立高高的木桩，再将一横木绑在木桩顶端，横木的一头吊水桶，另一头系上石块，此上彼下，轻便省力。范蠡顿受启发，急忙回家模仿起来。他用一根细直的木棍，钻上一个小孔，并在小孔上系上麻绳，用手来掂，细木的一头拴上吊盘，用以装盛货物，一头系一鹅卵石作为铊，鹅卵石移动得离麻绳越远，能吊起的货物就越多。于是他想，一头挂多少货物，另一头鹅卵石要移动多远才能保持平衡，必须在细木棍上刻出标记才行。但用什么东西做标记好呢？范蠡苦苦思索了几个月，仍不得要领。一天夜里，范蠡外出，抬头看见了天上的星宿，便突发奇想，决定用南斗六星和北斗七星做标记，一颗星代表一两重，十三颗星代表一斤。从此，市场上便有了统一计量的工具——秤。在战国的中期，楚国已广泛使用天平和砝码称黄金，并且有科学的理论阐述。

据有关资料显示，我国现存最早的杆秤是1989年

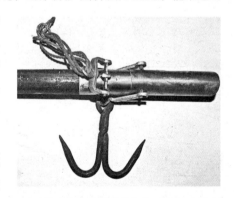

◆ 现代、仿造秦朝以前杆秤，从60市斤起始至90市斤（萧山民间杆秤陈列馆馆藏，局部秤头）

◆ 现代，仿造秦朝以前杆秤，从270市斤至秤尾340市斤（萧山民间杆称陈列馆馆藏，局部秤尾）

在陕西省眉县常兴镇尧上村的一座汉代单窑砖墓中发现的，大约制作于公元前1年到公元1世纪，是完整的木质杆秤；还有西安博物馆收藏的锈迹斑驳的稀世青铜盘秤；以及新疆吉木萨尔县民俗文化馆里展出的，制作于清乾隆五十一年（1786年），秤长1.4米的清代官秤；杭州萧山区民间杆秤陈列馆收藏的一支清同治壬申年的木杆秤，仿制秦朝以前的竹杆秤，扁圆形的木杆秤，以及仿造古代千斤龙凤大木杆秤，原白木色的杆秤等，这些杆秤都极具历史、科学、艺术价值。

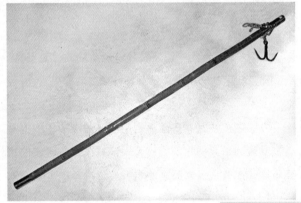

◆ 现代，仿制秦朝以前的竹杆秤，一只轿扛铁组、龙凤铁钩，长1.68米，杆粗3.8厘米，原本色，只钻斤两星点，最大称量200市斤（萧山民间杆秤陈列馆馆藏）

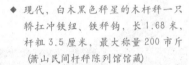

◆ 现代，白木黑色秤星的木杆秤一只轿扛冲铁组、铁秤钩，长1.68米，杆粗3.5厘米，最大称量200市斤（萧山民间杆秤陈列馆馆藏）

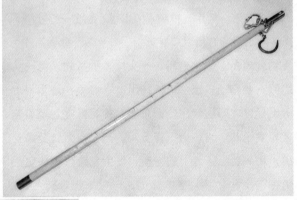

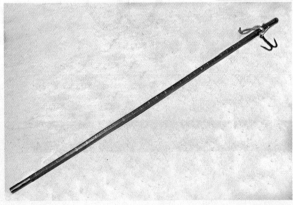

◆ 现代，仿造秦朝以前的扁圆形红木杆秤，一只轿扛铁组、龙凤铁秤钩，长1.82米，杆粗5厘米，用银丝钉秤星，最大称量350市斤（萧山民间杆秤陈列馆馆藏）

◆ 古代，三只线纽、铜秤盘、铜秤砣的骨杆戥秤

　　木杆秤约起源于汉代，是一种直观和简洁实用的计量工具，且凝结了大量的精巧工艺技术，蕴含着丰富的科学知识，至今仍具有独特的科学理论、历史人文和社会学研究价值。

　　约在东汉早期木杆秤已趋于成熟，由于使用方便，很快在各行各业和民间老百姓日常生活中流行起来，至迟在南北朝时已被广泛使用。南朝画家张僧繇所作的五星二十八宿神形图中就出现了人们使用杆秤的情景，所绘的杆秤是迄今为止发现最早的定型木杆秤。此画中执秤人手提三纽的盘秤，且秤纽间距较大，秤杆长，秤砣小，称量也较小，可推出小分度值，是制造比较精细的杆秤，该图像已成为当时杆秤发展成熟的标志。据载，盛唐古都长安的西市是通往西域 "一带一路" 的起点，是十分活跃的国际商贸中心，当时就设有秤行、丝绸行等。

　　杆秤，又叫 "衡器"，是可权量物体的轻重，测量质量或者重量，以及利用质量或者重量的计量原理，来检查和检测生产过程，确定物体密度或比重的测量仪器。平时，人们又把相对精度在万分之一及以上的单杠杆秤，叫作天平，把除天平以外相对精度在万分之一以下的秤，也称为衡器。

　　杆秤是一种法制的计量器具，应用十分广泛，在国民经济的发展中占有重要地位。杆秤也是古时生产、流通和人民生活中主要的计量器具。20 世纪 70 ~ 80 年代前，杆秤曾是国家事业单位、厂矿等部门及民间老百姓不可缺少的计量工具，在工农业生产、国防建设、科学研究、商业、对外贸易、医疗卫生和交通运输等方面发挥着重要作用。

　　传统杆秤多用木杆制成，秤杆上有秤钩或秤盘、秤纽、秤星和秤砣，称物品时，只要移动秤砣，秤杆平衡之后，根据所对应的秤杆上的星点，便可得知物体的重量。

杆秤是巧妙地运用前因后果不等臂杠杆平衡原理制成的，具有结构简单轻巧，造价低廉，携带使用方便、经济的特点，从而极大地促进了经济发展和社会进步。往时民间素有"不识秤花，难以当家"的说法， 这也说明历史悠久的木杆秤，是千家万户必备的重要计量器具。

杆秤是中华民族最古老的衡器，经久不衰，至今仍是广大农村、集市贸易和中药店抓中药等使用的常见计量衡器。

木杆秤是涵盖金、银、铜、铁、锡、木等材料制作而成的一种综合性的传统实用手工艺品，是一种以实用性为主的特殊计量用具。它有别于其他工业产品，同时还要受到国家职能部门严格监管，这在众多工艺产品中是独一无二的。

我国地域辽阔，各地的杆秤，种类繁多，五花八门，有长的、有短的；有大的、中等的、小的；有线纽、绳纽、铁纽、铜纽、绳铁纽的；有一只纽、两只纽、三只纽的；有一只钩、两只钩和龙凤钩的；有石秤砣、铁秤砣、铜秤砣的等。

全国各地杆秤各具特色，而且多以地方性的习惯称呼命名。中华人民共和国成立前，各地

◆ 古代，一只尖头苏铁纽、挂牌式铁秤钩的木杆秤

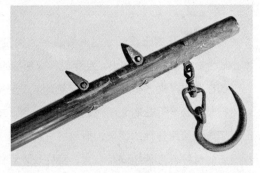

◆ 古代，两只尖头苏铁纽、挂牌式铁秤钩的木杆秤

◆ 古代，两只尖头苏铁纽、挂排式龙凤铁钩的木杆秤

◆ 古代，一只轿扛铁纽、挂牌式铁秤钩的木杆秤

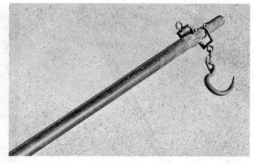

◆ 古代，两只轿扛铁纽、挂牌式秤钩的木杆秤

◆ 古代，一只轿扛铁纽、下翻铁秤钩、用水银与锡混合溶化后，涂抹秤星的大杆秤

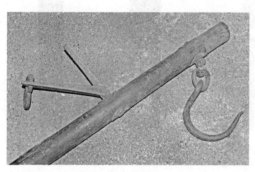

◆ 古代，一只长铜模针纽、挂牌式铁秤钩，三面斤两均同的木杆秤

◆ 古代，一只A形铜模针纽

◆ 古代，一只尖头铜苏纽、双秤钩，前力点小钩、后力点大钩的大木杆秤

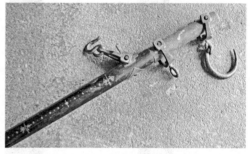

◆ 古代，秤背一组、二组均为模针纽，下翻铁秤钩

◆ 古代，一只短铜模针纽、两只下翻铜秤钩，挂在市场上的公平木杆秤

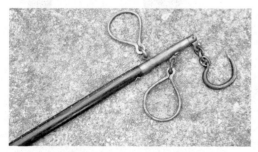
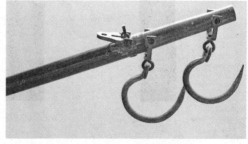

◆ 旧时，内刀式上下翻铁秤纽和翻头铁秤钩，为东北木杆秤

◆ 古代，一只短铜模针纽、两只下翻铁秤钩，挂在市场上的公平秤

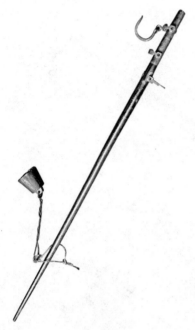

◆ 民国，福建，铜短模秤纽、铜双秤钩、青铜秤砣，三面秤星、且钉有斗（可转换为斗），可称100斤

◆ 局部秤杆（钉有民国三十年陈发窑）

◆ 局部秤杆（钉有肆斗）

◆ 局部秤杆（秤杆尾端钉有五斗、七斗秤星）

◆ 局部秤杆（钉有清光绪戊寅年）

◆ 局部秤杆（面前有正油行）

◆ 局部秤杆（有正糖行）

◆ 局部秤杆（秤杆背上有汕头针）

制作杆秤的工艺式样因当地的老百姓千百年来的生产劳动、逐渐形成的民俗风情和生活习惯不同而有所不同。因此，随着时代的不断发展，出现了百花齐放的局面，制造出了各种材质、规格的杆秤。

◆ 民国癸丑年，两只麻绳、挂牌式铜秤钩、三面秤，最大称量分别为前53市斤、后65市斤、背58市斤

二、杆秤种类

　　古时杆秤有一只纽、两只纽、三只纽的共三类。一只秤纽的仅有一条刻度，只看天星即秤背，这种秤多为戥秤，也有个别粗糙的以斤为单位的卖柴草秤；而民间多数常用的杆秤是两只秤纽，二条刻度，用一纽时看天星（杆背），用二纽时看内星（面前）；也有极特殊杆秤有三条刻度，这种秤既可计量斤两，同时又反映出升、斗，当用第一纽时看外星（杆后），用第二纽时看天星（杆背），用第三纽时看内星（面前）。

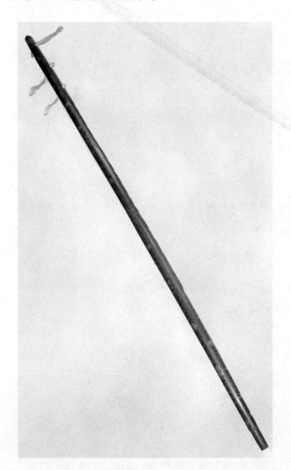

◆ 清光绪戊寅年，两只麻纽、麻绳秤钩，用金丝钉秤星，三面图案和三种斤两的木杆秤

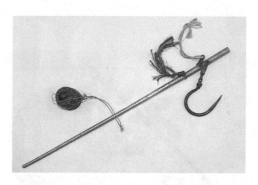

◆ 现代，长 48 厘米，可称 30 市斤的不锈钢杆秤

◆ 旧时，湖南、湖北两省的两只铜苏纽、下翻铜钩、秤杆为椭圆形如同鲫鱼背的木杆秤

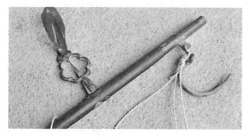

◆ 旧时，一只铜梅花秤纽，针对正则平衡，铜钩、铜盘的小木杆秤

杆秤分为钩秤（亦称手提秤）、盘秤和戥秤三大类。

民间通用的钩秤称量有 2 市斤、3 市斤、5 市斤、10 市斤、15 市斤、20 市斤、30 市斤、60 市斤、100 市斤、150 市斤、200 市斤、250市斤、300 市斤等十多种规格型号。100 市斤以上需两人扛着称物品的为大秤，俗称铊（大）拎。

◆ 旧时，内外刀式铜翻纽秤，铁翻钩、铁秤砣的木杆秤

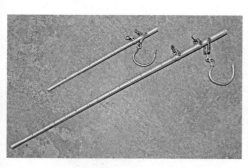

◆ 现代，两只镀锌轿扛式铁纽、下翻镀锌铁秤钩的铝合金小杆秤

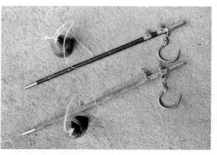

◆ 现代，分别为两只尖头铜苏纽与两只冲压的轿扛镀锌铁纽、铁秤砣，均长 40 厘米，短而粗，可称 20 市斤的木杆秤

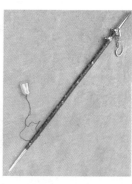

◆ 现代，用不锈钢包头、尾，不锈钢秤钩、秤纽、秤砣，银丝钉秤星的棕黄色工艺木杆秤

◆ 旧时，两只铜苏纽、下翻铜秤钩、木秤砣，可称20市斤的木杆秤(萧山民间杆秤陈列馆馆藏)

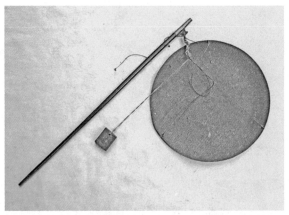

◆ 古代，两只麻纽的铜盘秤

◆ 现代，两只轿扛铜纽、铜下翻、铜秤钩的工艺木杆秤

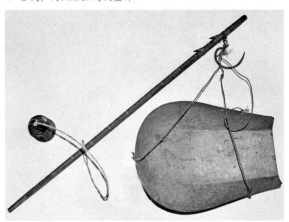

◆ 旧时，未用过的新秤，两只尖头铜苏纽、下翻铁秤钩与铜铲盘两用、铁秤砣的售盐专用木杆盘秤

　　盘秤，杆秤的一种，秤杆前端系一只黄铜或铝合金制的盘子，也有竹篾的盘子，使用时把要称的物品放在盘子里，是商家交易常用的称量较小的秤，使用非常方便。还有现代既有钩又有盘，钩盘两用，使用更显得灵活的钩盘兼备秤。这些秤一般均为称量2市斤、5市斤、10市斤，最多不超过20市斤的小秤。往昔盘秤的秤盘，多为紫铜盘，现今多数已改用铝合金、不锈钢或黄铜盘了。

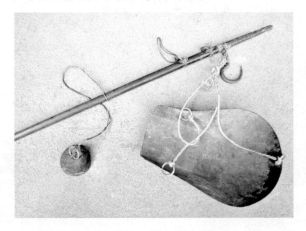

◆ 旧时，两只尖头铜苏纽、下翻铜秤钩与铜铲盘兼用、铜秤砣的售盐专用木杆秤

戥秤亦名小铜盘秤、药秤，俗称洋钱秤。戥秤最大单位是两，小到钱、分或厘，其规格一般有1两、2两、2.5两等。旧时戥秤的秤纽均为线纽式，现为刀纽式、刀纽与线纽组合式。现代戥秤多为黄铜杆的内刀式，也有少数铜杆戥秤，安装梅花形吊环，相似于模秤纽，视准器内上下针尖对正表示秤杆平衡。这些戥秤称量分别为50克、100克、250克等。还有最大称量达500～1000克的木杆铜翻纽戥秤。

◆ 现代，两只尖头铜苏纽、铜秤砣、木杆小铜盘秤

◆ 高德根用戥秤计量金手镯

◆ 旧时，一只线纽、钱币形铜秤砣，最大称量50钱的象牙杆戥秤(萧山民间杆秤陈列馆馆藏)

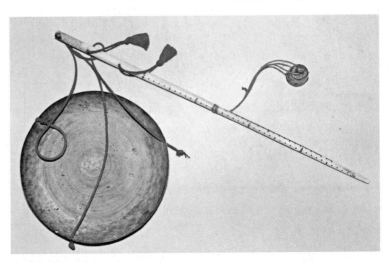

◆ 旧时，两只线纽、锥形铜秤砣，最大称量60钱的象牙杆戥秤(萧山民间杆秤陈列馆馆藏)

钩秤和盘秤的构造分为外刀式、内刀式、绳纽式和内外结合式。外刀式第一秤纽和第二秤纽均并列于秤杆上方，秤星在秤杆的上方和前面，其秤钩固定在秤纽的前下方，是目前我国普遍采用的杆秤。内刀式的第一秤纽、第二秤纽与秤星在秤杆的上、下方，其秤钩可上下活动，这种结构的杆秤民间已较少使用。绳纽式的杆秤构造比较简单，秤杆上的秤纽采用麻绳或丝线之类作秤纽，只要将绳纽穿过秤杆支点的垂直圆孔则可，秤星、秤钩与外刀式相同，现今早已淘汰。古代杆秤的发展，长期停留在采用绳纽、非定量铊和木秤杆，并用手工制作的阶段。直到 19 世纪，杆秤才由传统的绳纽，逐渐改变为外刀纽与刀承或内刀组合与刀承结构。

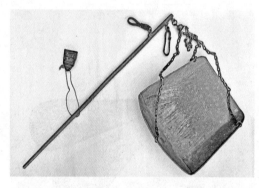

◆ 现代，压铸而成的铝合金秤头，内刀式上下翻秤纽、铁秤砣、翻头铝合金铲盘、电化铝合金秤杆

◆ 现代，压铸而成的铝秤头，铁秤砣，外刀式上下翻铝秤纽，翻头钩盘两用，电化红色的小铝杆秤

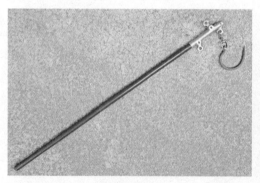

◆ 现代，压铸而成的铝秤头，内刀式上下翻铝秤纽，翻头铁秤钩，电化红色的小铝杆秤

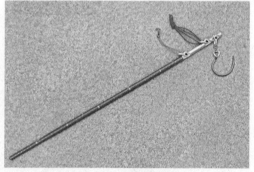

◆ 现代，压铸而成的铝秤头，两只外刀式铝秤纽、铁秤钩，电化红色的小铝杆秤

往昔，我国传统的杆秤，多数秤杆是用木杆制成。现今小型杆秤的秤杆，少数采用铝合金管、不锈钢管、黄铜等材料制成。木杆秤的秤杆多为黑色、棕色、褐色，也有红色。

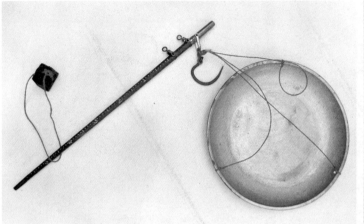

◆ 现代，两只冲压铁秤纽、铁秤砣，钩盘两用的木杆秤

◆ 现代，两只尖头铜苏纽，铁秤砣，木杆不锈钢小盘秤

◆ 现代，浇铸而成的铜秤杆，两只内刀式铜秤纽、秤盘上方的梅花形视准器内的指针对正则秤已平衡的戥秤

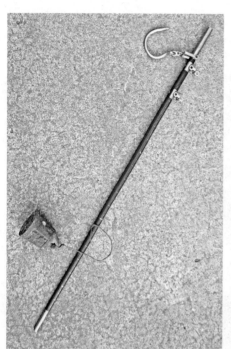

◆ 现代，棕色木杆秤

◆ 现代，紫色木杆秤

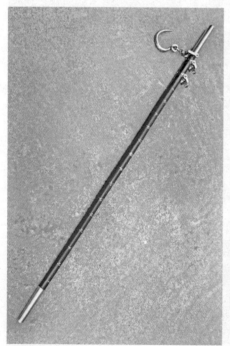

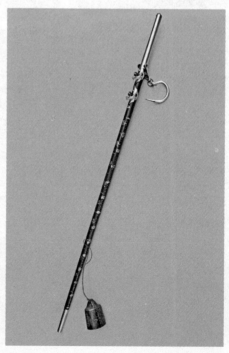

◆ 现代，棕红色木杆秤

◆ 现代，黑色木杆秤

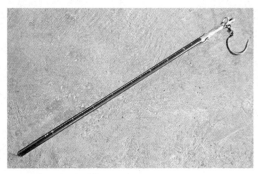

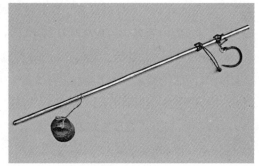

◆ 现代，压铸而成的铝秤头、外刀式上下翻铝秤纽、翻头铁秤钩、电化红色的小铝杆秤

◆ 现代，两只尖头铜苏纽、下翻铁秤钩、铁秤砣，不锈钢杆的小秤

　　古往今来，木杆秤的秤杆多数式样为头尾细、中间粗的圆锥形，而湖南浏阳、湖北等地的秤杆其横切面是比较特殊的椭圆形，民间称之为"鲫鱼背"。

　　广东、福建的木杆秤是铁制或铜制短尺状的模针纽，以及一只铜纽，下系两只铁钩；浙江、安徽、甘肃等地的木杆秤上是两只铜或铁纽，秤杆前端下方安装一只铁钩；山东、河南等地的木杆秤是上下铜纽，可上下翻的铁钩。

　　由于木杆秤是一种生活用具，使用中的磨损使秤星脱落不明，外加因材质细小而出现弯曲、变形、开裂即弃之等因素，明代以前遗存的木杆秤很少，基本都已湮没在历史的尘埃中。现今笔者记录的是民间存有的清光绪戊寅（1878）年间的杆秤，秤杆上钉有图案花纹，系两只绳纽，是以麻绳代替秤钩的工艺木杆秤中之精品，也是旧时存世较早的杆秤之一。但清朝以前木杆秤究竟是什么样的无从查考，至今仍没有定论，有待于我们进一步去发掘、探索和研究。从现在存世的旧秤来看，清朝至民国除了国家公用计量或在一些大商铺交易场所有铜、铁秤纽，铜、铁秤钩，铜、铁秤砣外，民间的木杆秤几乎都是采用麻绳作秤纽、秤钩及石秤砣的，俗称麻纽秤。随着时代发展，其工艺演变成一只铁纽，一只麻绳纽，再逐步改进为两只铁纽，秤杆的长短、大小与量值也不成比例。直至 20 世纪 80 年代，国家相关职能部门方出台了相关标准，对制作木杆秤的工艺改为全部采用铜纽，标准化的定量铸铁秤砣，秤杆的长短、粗细与量值均按照从大到小的规定，全国逐步得到统一、规范、完善，至此木杆秤方基本臻于定型，并在传统的基础上又有所创新。

　　古代木杆秤，是千百年来中华民族智慧的结晶，蕴含着丰富而深厚的文化内涵，见证了老百姓的生活，诉说着历史的变化。从往昔木杆秤中可看到醒目的"魁星点斗""钱币模样"和"镇宅之宝"等之类的图案，象征着吉祥和财运；镶嵌有装饰欣赏性的寓意丰富的纹饰，反映出传统文化美德的风范；另有激励性的做人经商至理名言"心平为秤，天下为公""公平交易，老小无欺"等的文字；还有既押韵又妙趣横生的如"江山千古秀、花木四季新""如日之高升、如月之光明、如山之寿老"等语句；以及钉有"运、连、通、达、道，远、近、遇、逍、遥"的押韵单字等，且能模糊看到难认的图像与无法解读的符号；见证商贾贸易作坊的"正油行、正糖行、汕头针、夏和泰、文成度气之造"商店字号的木杆秤；亦有方便盐商外出售盐携带，用铜套管对接的子盐权记特殊卖盐秤；还有称量较小，但秤钩却很大而尖的专用卖肉秤；有些工匠为省时省力，用水银抹入秤杆洞孔作秤星的木杆秤；在往昔因特殊用途，适应当时的需要，别出心裁地在秤杆上仅配有一只铜纽，却钉出了可同时识别 16 两、20 两、24 两三面不同斤两的重量木杆秤；以及既可称斤两，又能兼容直接反映"斗、升"的三面秤等。在旧时有少数地主为了搜刮民脂民膏，昧着良心，原本佃农挑来是 100 斤稻谷，但经过他的秤只有 88 斤了，即八八折收租的黑心秤；更有少数恶劣的奸商不择手段使用短斤少两的缺德秤，将杆秤钻空装入水银作弊，计量时可两头流动，以达到多进少出的目的，做出伤天害理的事。这些古代的木杆秤，诉说着鲜为人知的美与丑的秤文化故事，反映出旧时代的痕迹。

当今有些老工匠采用金丝或银丝钉秤星，作为观赏性收藏。还有的老工匠做出了许多 300 市斤以上的特殊工艺木杆秤。如永康市钉秤老师傅，特制了长达 3.6 米，可称 3000 市斤的特大木杆秤，用金丝钉秤星和图案，有时代特征又不乏传统，具有浓厚的民间生活气息，开创了装饰艺术的新天地；以及专供收藏的 2 市斤以下，用金丝钉星，精致的盒装高级红木礼品秤；还有运用现代科技制造，可以测量空气湿度的三用秤等。

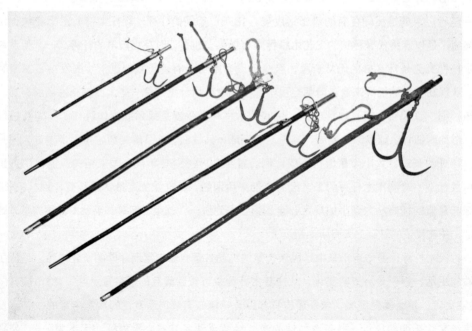

◆ 现代，均为两只铜苏纽、龙凤铁钩，分别为 5 市斤、10 市斤、20 市斤、25 市斤、30 市斤规格型号的木杆秤(萧山民间杆秤陈列馆馆藏)

◆ 萧山民间杆秤陈列馆，现代仿古的两只轿扛铁纽，直径20厘米的铁秤钩，木杆长2.4米，杆粗
9.5厘米，最大称量1000市斤的龙凤木杆秤

三、杆秤变化

自 20 世纪 50 年代以来，国家和各级地方政府即对计量工作十分重视，先后制定颁发了若干有关衡器方面的法令、条例和规章制度，并付诸实施，全面推广，改变了中华人民共和国成立前计量工作的混乱局面，这也说明它在国计民生的重要性是不言而喻的。直到 20 世纪 80 年代后，我国衡器的量值，制作木杆秤的秤纽、秤砣等配件方达到了定型、规范化，全国逐步统一完善，与现今的杆秤相匹配。

1985～1987 年，我国对杆秤结构作了一次重大改革，将原来的木质杆部分改为金属杆，从而解决了木质杆的计量准确度受到地区及天气影响的弊端，并适应了半机械化、标准化、通用化和大批量生产的需要。

1994 年 9 月 23 日，国家质量技术监督局、国家工商行政管理局发布的《关于在公众贸易中限制使用杆秤的通知》中提到："长期以来，由于杆秤价格便宜，携带方便，在全国城乡市场上广泛使用。但是，利用杆秤作弊欺骗消费者的情况屡屡发生，严重损害了消费者的利益。据粗略统计，利用杆秤作弊的手法有十几种。1993 年，国家质量技术监督局组织两次大规模市场计量执法检查的结果，也证实市场上出现缺斤少两的主要原因之一，就是不法商贩利用杆秤作弊。"

◆ 用肉钩秤称肉

◆ 两人抬着大秤称西瓜

◆ 用小铝合金盘秤称红枣

◆ 用钩秤钩住竹篾筐称生姜

◆ 小贩在集市用钩秤计量豆腐干

◆ 用戥秤称中药

根据国际法制计量组织的要求，凡直接用于公众贸易的衡器，其示值应使供需双方清晰可见，且不易被用来进行欺骗性称量。显然，杆秤不能满足公平贸易的要求。所以，国际上大多数国家早已不用它作为贸易用计量器具。为了规范市场交易行为，切实保护广大消费者的利益，国家质量技术监督局、国家工商行政管理局决定在公众贸易中限制使用杆秤。为此，特作如下通知：

(1) 全国各大、中城市均应首先在商店、城乡贸易市场的固定摊位逐步淘汰杆秤。

(2) 有计划地推广使用质量稳定的电子秤、双面显示弹簧度盘秤和其他性能稳定、显示清晰、不易作弊的衡器。

(3) 有计划、有步骤地把这项工作和贯彻《零售商品称量计量监督规定》有机地结合起来。

各地技术监督和工商行政管理部门，要加强协作，互相配合，切实做好宣传工作，最大限度地取得经营者、消费者的理解和支持。

随着社会的进步，20世纪90年代中期，国家开始大力推广电子秤。1997年起又在全国各大中城市限制使用木杆秤，一些厂矿企业开始使用电子秤和磅秤，但是，电子秤和磅秤的价格不菲，这让普通百姓无法接受。因此，在当时的永康这片热土上生产、销售杆秤，尚未受到很大影响，不过现在已渐渐萎缩，黄金时代已经过去，往昔的繁荣已沉寂下来。杆秤终将退出历史的舞台，成为一个民族的符号。

21世纪以来，老百姓常用的杆秤，多数是国家颁发的标准化、统一长短尺寸的秤杆，秤钩、秤纽和秤砣都是同类模子半机械化批量生产的。但作为永久收藏的木杆秤，还在标新立异、推陈出新，老工匠们追求完美，越做越重，越做越大，越做越精细，一支高品质用金丝钉秤花的工艺红木大杆秤，价值达二三十万元。但是现在一些精致的工艺木杆秤，只作为观赏性的工艺品，而无实用价值了。

◆ 农贸集市上，小贩用长29厘米、二纽可称5市斤、一纽可称20市斤的不锈钢杆秤计量青菜、萝卜

四、杆秤与民俗风情

木杆秤不仅深深根植于中华大地，在历史长河中生生不息，而且博大精深，具有丰厚的传统文化底蕴，彰显着秤文化的魅力。杆秤不仅被人们作为日常计量的器具，还反映了民间久远的民俗风情，老百姓对杆秤寄于无限憧憬，常常把它和对美好生活的向往联系在一起，表达对杆秤的赞礼和美满祈盼，久而久之，相沿成习。杆秤还作为一种吉祥物，被称为"当家财神"，寓意"有秤当家，家财兴"。因此在我国江南一带，民间都有置办杆秤的习俗。一般人家置办小秤，富有家庭或商贾之家则同时置办大、小杆秤。

古往今来，在传统婚嫁仪式上，杆秤一直被老百姓当作吉祥物，悬挂在厅堂，蕴含永驻南斗六星，北斗七星，不会迷失方向，又有福、禄、寿三星相伴，婚后生活美满到永远的寓意。杆秤还被视为幸福吉祥的象征，告诫夫妻双方要互敬互爱，和谐相处。

宋代关自牧《梦染录·嫁娶》载："'两新人'并立堂前，遂请男家双亲以称（秤）或机杼，挑盖头，方露花容。"在封建社会的青年男女婚嫁，一般都是父母之命，

◆ 新郎用杆秤掀起新娘的红盖头

媒妁之言，婚前互不相识，未曾见面。而新娘出嫁坐花轿，头上都会蒙着一块精美的绣花红盖头，入洞房时由新郎用秤挑起。掀盖头时，新郎要边挑边说吉利话："左挑称心如意，右挑吉祥福贵，中间一挑挑个金玉满堂。"这是令人向往的古典爱情画面，新郎看到新娘，心里美滋滋的，顿时心花怒放，喜悦之情溢于言表，杆秤成为幸福的使者。这种习俗一直传承到清末至民国时期，仍十分流行，现今在民间传统婚礼上还时有出现这种婚嫁场景。

在浙江省永康市等地，民间乔迁新居时，老百姓为图吉利"约定成俗"，用红纸或红丝绸卷贴在木杆秤的头尾，祈祷财气兴旺，并搭配笤帚，有"扫金扫银、扫入福气、扫进财富"之意；搭配畚箕，有"粮食畚满仓"，意喻丰衣足食，寄托财源滚滚，安居乐业，为全家祈福的

美好愿望，且手拎点燃蜡烛的灯笼，随同搬迁率先到达新房，并把杆秤当作吉祥物，挂在厅堂的墙壁上，作为必备的最大把家之神，镇宅之宝。

◆ 搬迁新厂时，浙江霸王衡器公司将特制的工艺木杆秤作为吉祥物

◆ 竖立在新居福字前的木杆秤

◆ 将灯笼和杆秤挂在刚搬迁新居的
  饰品橱柜前

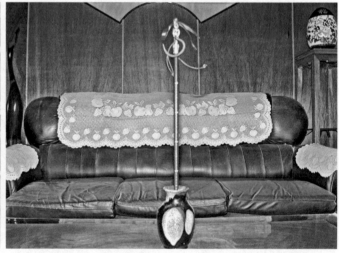

◆ 插在搬迁新居客厅茶几上的电化红色小铝杆秤

　　诸葛亮在《杂言》中写道："吾心如秤，不能为人作轻重。"意思是为政当官应处事公平公正，一视同仁，正直无私，光明磊落。为官一任，就要公平如秤；居官者，其心就要像定盘星，奠定公平，捍卫良知。杆秤是一家人的主心骨，代表"权力、金钱"。秤与"称"谐音，寓意"称心如意"。也有"人心不平，制造天平"之说，有一根杆秤放在家，则平平安安之意。

平时长辈还要教儿孙们从小认识秤花，认为"不识秤花，难以当家"。民间甚至有"小孩子莫吃鱼子"的忌讳，说是吃了鱼子，长大会不识秤花。以杆秤为比喻的谚语至今还在流传，如"上下三处是根秤，邻居八家是面镜""心平勿用秤""家中有黄金，路上有平秤""钉了个秤""天地之间有杆秤，那秤砣是老百姓。秤杆子挑江山，你就是那定盘的星""杆秤，称出天地良心"等，道出了杆秤所具有的文化意蕴，并将其升华为一种道德理念。

千百年来，每逢万物生长茂盛的春夏之交，在农历立夏时，大人要用木杆秤，给天真活泼的儿童称体重，这是父母与孩童沟通的一项颇有意义的传统民俗风情，意在使他们记住长辈的爱心。称毕，给儿童吃茶叶蛋或甜甜的滋补鸡蛋红枣汤，补充一点营养，以祛暑明目，健康身体，避免"疰夏"。在给儿童称体重时，要看看比去年重多少，祝愿快快成长。且操作时颇有讲究，只能把秤砣推向秤末，而不能将秤砣往秤纽方向滑动，并说"满尾巴"，表示增加体重又长大的寓意，让儿童体验过立夏称体重的乐趣，以达到寓乐于教的目的。

另外，每当刮台风、下大雨时，永康市老百姓都不约而同地将杆秤高挂在自家门前，以龙压阵，祈求平安。

◆ 给儿童称体重

◆ 每当刮台风时，老百姓把杆秤挂在门前的屋柱上，以龙压阵，并双手合揽，祈祷平安

传统杆秤对营造民俗风情有着传播正能量的巨大作用，但如今人们的生活方式确实已有了不小的变化，适当简化和改进部分传统杆秤的民俗风情也在所难免。但不管如何变，民俗风情背后的深刻杆秤文化意蕴应继承下去。

五、计量由来

1. 斤两溯源

早在原始社会末期，人类有了商品交换，即有了度、量、衡，但当时只是凭眼看或体力感觉，即用手掂一掂几个物体中哪个重些，哪个轻些。古书中记载所讲的"两手之盛谓之掬，手捧为升"，就是这个意思。后来因人们生产劳动的需要，经历了漫长的无数次实践，不断发展演变，逐渐形成当代的斤两。

《大戴礼记·五帝德》说，黄帝时设置有度、量、衡、亩、数，谓之"五个量"。《尚书·舜典》说舜"同律度量衡"。舜召集四方君长，把各部族的年月四季时辰、音律和度量衡协调起来。《史记·夏本纪》说大禹"身为度，称以出"，大禹治水使用规矩为测量工具，并将自己的身长和体重作为长度与重量的标准。古文献上这些属于历史传说的零星记载，多少反映了商周以前的度量衡简况，在一定程度上反映了上古时代计量产生的萌芽。真正有信物可证的是在西周（公元前 11 世纪～前 771 年）成王年间制作的"师旅鼎"青铜器铭文里记载的"金十孚"（孚是周代早期的计量单位）、"丝十孚"和"金均"的文字，说明当时已有计算重量的手段。西周时期，度量衡器及其制度已比较完备。那时，中央和地方都设有专职的管理部门，负责度量衡标准器的颁发、检定和使用。

"度量衡"的名称最早见于《尚书·舜典》："协时月正日，同律度量衡。"意思是调协历法，划齐度量衡。所谓度量衡的度即尺寸，用于测量物体的长短，长短的单位有：分、寸、尺、丈、引、里；量即容器，用于测量物体的多少，容积的单位有：

◆ 各个朝代的木斗大小有别

◆ 民国米升，可量 1.5 市斤大米（萧山民间杆秤陈列馆馆藏）

龠、合、升、斗、石、斛等；衡即轻重，用于测量物体的重量，计量轻重的单位有：厘、分、钱、两、斤、均、担、石等。而度量衡中的衡器，在工农业生产和老百姓的生活中使用最广泛。

我国古代衡制的重量单位，10合为1升，等于1斤2两；10升为1斗，等于12斤；10斗为1石，等于120斤。颜师古注引应劭曰："十黍之重为累，十累之重为铢。"故1铢重100黍。《说范·辨物》："十六黍为一豆，十六豆为一铢。"故1铢重96黍。《孙子算经》卷上："称之所起，起于黍，十黍为一絫"，"絫"亦作"累"，"黍絫"亦作"累黍"（黍多在我国北方栽培，一年生草本，杆直立，皮茸毛，小穗光泽，颖果球形或椭圆形，乳白、淡黄或红色，子实碾成米叫黄米，供食用或酿酒）。《说文·禾部》："十二粟为一分，十二分为一铢。"故1铢重144粟（粟，即谷子，脱壳后叫小米）。还有锱、铢：一般用锱、铢比喻细微，1锱是1两的1/4，1铢是1两的1/24；锾，10锾等于6两；镒，1镒为1金，有重20两、24两、30两三种不同说法。史书记载：五十两银（重量1932克），为一笏，相当于一锭银，并以一方寸黄金重量为一斤（240～260克）作标准定斤两。古代的金子、银子和铜钱有一个基本的换算公式：1两黄金=10两白银=10贯铜钱=10000文铜钱。"贯"是指古代穿线的绳索，古人把方孔钱穿在绳子上，每1000个为1贯；"文"原来指的是铜钱上的文字，后来用作计钱的量词，1文铜钱就是1枚铜线。锊，郑玄注引郑司农曰："三锊为一斤四两。（锊，按金文作'寽'）"

◆ 古代用红豆、稻谷、高粱计算斤两(萧山民间杆秤陈列馆馆藏)　　◆ 古代用大麦、米仁、荞麦计算斤两(萧山民间杆秤陈列馆馆藏)

西汉成书的《淮南子》中载："十二粟为一分，十二分为一铢，十二铢为半两。"《孔从子》中记载："两有半曰捷，倍捷曰举，倍举曰锊，锊谓之锾，二锾四两谓之嗎，嗎十谓之衡，衡有半谓之秤，秤二谓之钧，钧四谓之石，石四谓之鼓。"

据载古代发明斤两，有三种不同说法。第一种，鲁班借鉴中国古代科学家形象的元素，在原创的基础上又有了创新，他参照前人积累的经验，根据天上星宿演化而来，即前6颗代表南斗六星，象征四方和上下，往后7颗代表北斗七星，象征用秤者立于天地间，心要中立，要像北斗七星指示方向一样公正不偏颇，而制定的13颗秤星（229克）为一斤。在古人眼里，

1两看成一颗星，因此，鲁班成为制定斤两的鼻祖，老百姓心目中敬奉的杆秤祖师，也在情理之中。第二种，我国南六北七共13个省，根据南斗六星、北斗七星，共13颗星来划分，原来13两秤就有"十三星"之说。第三种，相传为春秋时政治家范蠡发明的。上述说法究竟哪种确切难以定论。但度量衡是计量的一个不可分割的整体，使用时在同一物器上会同时出现，当今农村的一些老工匠依然用鲁班尺来计算长短（一鲁班尺约等于27.78厘米）。因此，民间拜鲁班为杆秤祖师，也就顺理成章了。

春秋时期，诸侯国各自为政，度量衡比较混乱。战国时期，各诸侯国为便于商品交换和征收赋税，都十分重视度量衡的规范和统一。《礼记》《周礼》等史书中记载，先秦时期的各国都有各自不同的衡制，比如：鲁国为釜、庾、秉；齐国为升、豆、区、釜钟；秦国为升、斗、桶；魏国为斛、斗、益；秦燕楚三晋的权衡单位为石、钧、斤、两、铢、累、益等，并均设立主管度量衡的官职。其中，秦国商鞅实行变法，改革度量衡，颁布法定的度量衡器，统一度量衡制，这为后来秦始皇统一全国度量衡打下了基础。

2. 斤两发展

公元前221年秦灭六国，统一天下，原诸侯国的衡器标准不同，给生产、商品流通带来了很多麻烦，因此，秦始皇决定全国统一度量衡。丞相李斯顺利地制定了钱币、长度等方面的标准，但在重量方面却没有主意，他实在想不出到底要把多少两定为一斤才比较好，于是向秦始皇请示。秦始皇写下了"天下公平"四个字的批示，算是给出了制定的标准，但并没有确切的数目。李斯奉旨，为了避免在实行中出问题而遭到罪责，决定把"天下公平"四个字，刚好是十六点划作为标准，定出了1斤等于16两，但这是秦始皇经研究推敲而书写的，还是巧合，即不得而知了。还有传说在原来13两为1斤的基础上，李斯左思右想，运用科学道理，决定再加上福、禄、寿三星，共计16颗星，这样来表示16两为1斤，秤杆上即16颗星，这就需要每斤加上3颗星。这三颗星的名字如下：第一颗叫作福星，它代表秤主人的福分；第二颗叫作禄星，它代表主人的禄量；第三颗叫作寿星，它代表主人的寿命。并提醒人们买卖公平，不可缺斤少两，如少一两要"损福"，缺二两"伤禄"，短三两"折寿"，这当中虽有点宿命论，但意在告诫人们不要损人利己，否则要自食苦果，所以民间流传"秤上亏心不得好，秤平斗满是好人"的说法。此后，秦始皇钦定将16两（256克）定为1斤，并颁布了诏书，统一度量衡，秤则由官府负责制造，不许民间造之。这说明秦始皇统一全国后，对计量工作作出了巨大的贡献。

秦朝建立后，用法律形式统一了度量衡，主要内容包括：第一，秦始皇颁布统一度量衡的命令，这个命令刻在或铸在量器、衡器上，或者刻在铜版上，再嵌在量器、衡器上，作为使用凭证；第二，中央制造发布度量衡标准器具，作为各地制作和检定的标准；第三，每年对度量衡器具鉴定一次。这些措施，有利于中央集权的巩固，促进了社会经济的发展，对后世度量衡制度有着深远影响。

秦汉在度量衡发展的历史上，在标准的确立、器物的制作、单位制的完备、制度的建立等方面都是十分重要的阶段。

在古时各个朝代斤的量值有所不同，史书记载有别，斤两的概念在不断发展。《汉书·律历志》（卷21）记载：汉时"二十四铢为两，十六两为斤，三十斤为钧，四钧为石"。又据《说苑·辨物》载："十斗为一石"。而1斛为10斗，后改为5斗。成语"千钧一发"，千钧大概是30000斤，一发即一根头发，30000斤的重物用一根头发系着，表明情况十分紧急。《后汉书·礼仪志》记载："水一升，冬重十三两"，这表明我国在公元前200年，已经能够运用金属和固定温度、固定容量的水作为重量的单位。

西汉出土的衡器斤两合克数的数值较多，以1斤合克数而论，有200克、242克、256克、311克等几十个。按平均计算，可以得出西汉

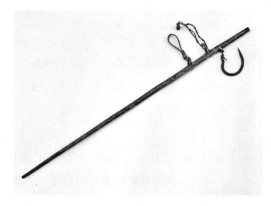

◆ 旧时，杆长60厘米，最大称量20市斤的木杆秤

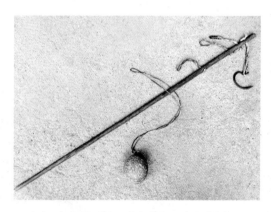

◆ 古代，杆长78厘米，最大称量10市斤的木杆秤

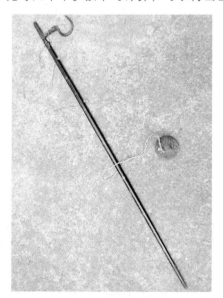

◆ 古代，杆长1.2米，分别可称5市斤、20市斤、80市斤、三只麻绳、三面秤星的木杆秤

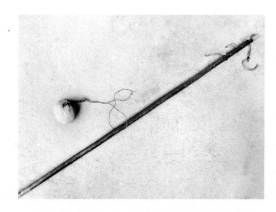

◆ 古代，杆长1.35米，最大称量50市斤的木杆秤

1 斤约合 242.47 克，1 两约合今 15.17 克。魏晋南北朝时，1 斤为 222.73 克。隋朝量值增长较快，1 斤合克数为汉代的两倍多，1 斤约为 700 克和 668.19 克两种。唐代 1 斤为 596.82 克，1 两等于 37.3 克，并将 1 两定为 10 钱，1 钱等于 2 铢 4 絫（古代计量单位，即一枚开元天宝铜钱的重量），秤又有了细化。到了唐朝和宋朝，我国的衡器发展日臻成熟，计量单位由"两、铢、累、黍"非十进位制，改为"两、钱、分、厘、毫、丝、忽、微"十进位制，10 钱为 1 两，10 分为 1 钱，废除了 24 铢为 1 两的进位制。将长度单位移于衡制上，这是宋代的一个创造。宋代 1 斤相当于现代 1.28 市斤，则宋时 1 石为 92.5 宋斤，相当于现代 118 市斤 4 两。同时在衡器方面创制了精密、灵敏的戥秤，最小可称 1 厘，合今 0.04 克。至元代 1 斤定为 637.5，明代 1 斤约 582 克，清代基本沿承唐制 1 斤是 597 克，从唐代至明清，度量衡相对统一，1 斤均为 596.82 克。

◆ 古代，福建，杆长1.64米，三面秤星，南16两、背廿两、北18两，最大称量均为10市斤至90市斤的木杆秤

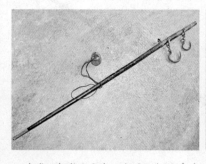

◆ 古代，杆长1.2米，分别可称30市斤和110市斤的木杆秤

◆ 古代，杆长2米的地主收租作弊木杆秤（原本100市斤，经这支秤称量只有88市斤）

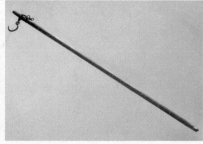

◆ 古代，杆长2.1米，最大称量210市斤的木杆秤

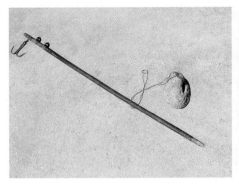

◆ 古代，杆长1.6米，最大称量360市斤的木杆秤

◆ 古代，杆长1.6米，以市斤为单位，最大称量130市斤的树本色简易木杆秤

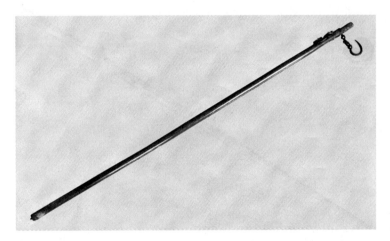

◆ 古代，杆长1.75米，制作精细，最大称量190市斤的木杆秤

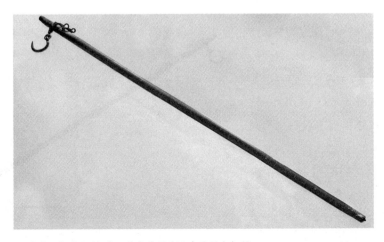

◆ 古代，杆长1.88米，最大称量210市斤的木杆秤

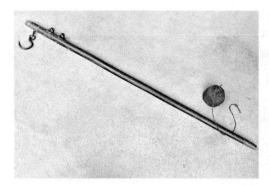

◆ 古代，杆长 2.13 米，最大称量 360 市斤的木杆秤

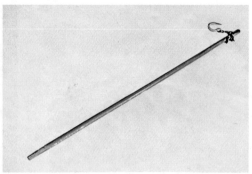

◆ 古代，杆长 1.93 米，最大称量 560 市斤的大木杆秤

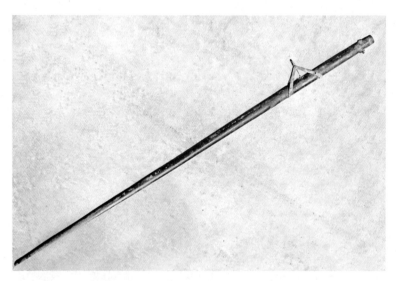

◆ 古代，杆长 2.66 米，杆粗 6 厘米，最大称量 170 市斤的木杆秤

清末至民国时期，衡度计量仍比较混乱，使用木杆秤有大秤、行秤、市秤之分，大秤 24 两为一市斤，行秤 20 两为一市斤，市秤 16 两为一市斤，大秤一市斤相当于现行的公斤（1 公斤＝1 千克）。但市秤 1 两等于大秤 0.75 两，行秤一斤等于市秤 1 斤 4 两。中华人民共和国成立前，浙江金华等地区老百姓一直沿袭 "廿两" 的老秤（即行秤）。

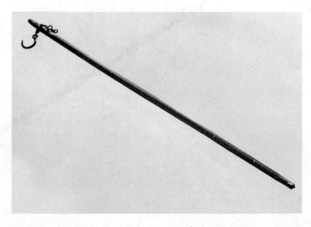

◆ 古代，杆长 1.88 米，最大称量 210 市斤的木杆秤

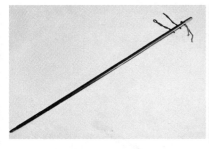 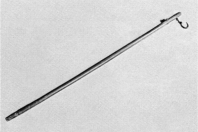 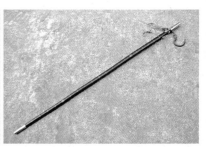

◆ 民国庚午年（1930年），杆长1.4米，最大称量120市斤的木杆秤

◆ 民国癸亥年（1923年），杆长2米，最大称量220市斤的木杆秤

◆ 民国，杆长1.62米，修理好的三面秤星，一组秤背反秤，20两折成16两，最大称量248市斤的木杆秤

　　我国历代计量单位不统一，直到民国20年（1931年），根据当时政府颁布的《度量衡法》，将原来的廿两秤改成16两为1斤，1两等于31.25克，1斤等于500克，收租、缴税都通用，成为一种惯例。民间有个俗语"半斤八两"，即半斤等于八两，人们习惯以"半斤八两"比喻"两个一样"。过去永康市的老百姓，习惯把四两（0.25两）与十二两（7.5两）称为一花、三花，而不是四两、十二两，但是对八两（5两）与十六两（10两）仍称为半斤、一斤。随着十六两一斤的杆秤退出市场，沿袭千百年的半斤八两与一花、三花的称谓已烟消云散了。

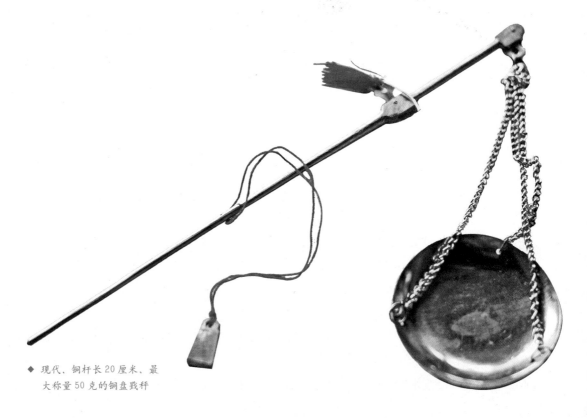

◆ 现代，铜杆长20厘米、最大称量50克的铜盘戥秤

3. 斤两演变

　　中华人民共和国成立后，市尺和升斗仍在广泛使用，直到 1952 年国家禁止使用升斗的计量，全面推行木杆秤作为计量工具。

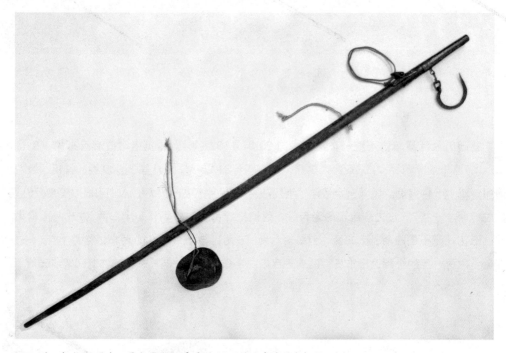

◆ 旧时，杆长 70 厘米，最大称量 30 市斤的 16 两为 1 市斤的木杆秤

　　随着社会经济发展，为了进一步加强对计量工作的指导，使计量更好地适应工农业生产、国防建设、科学技术和国内外贸易发展需要，国务院于 1955 年成立了国家计量局，统一管理全国计量工作，并制定、修改、颁布有关法令法律和制度。各级地方政府也相应组建了计量职能机构，从事监管、督查、制作鉴定，从而在各个环节保证计量更加严格、准确。

　　千百年来，16 两作为 1 斤的杆秤，换算起来相当烦琐，浙江温州人姜周元经过亲自实践，按照 1 两是 625 个单位，2 两是 1250 个单位，3 两是 1875 个单位……15 两是 9375 个单位，16 两是 10000 个单位（10000 个单位 =1 斤）。1953 年，姜周元写信给《浙南大众》（《温州日报》的前身），建议衡器计量改革，该报即将原件转给《人民日报》编辑部。1954 年 2 月 26 日，中央工商行政管理局以工商度字第 49 号函复姜周元："《人民日报》和《浙南大众》分别转来你的建议，衡器十两为一斤的信收悉。建议很好，我们已经考虑在几个地方先重点改革，取得经验后再推广。"这说明姜周元的建议引起当时中央有关部门的高度重视。1958 年，中央工商行政管理局在全国多个地方开展试点，开始在全国实施衡器计量全面改革，普遍使用 10 两制。

◆ 现代，铜杆长 21.7 厘米，最大称量 100 克的铜盘戥秤

◆ 现代，铜杆长 24.4 厘米，最大称量 250 克的铜盘戥秤

◆ 现代，铜杆长28.3厘米，最大称量450克的铜盘戥秤

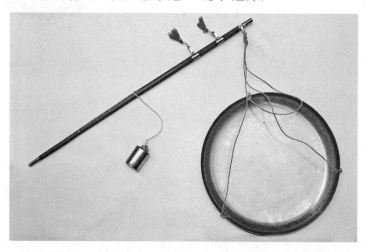

◆ 现代，杆长35.7厘米，最大称量500克的木杆铜盘戥秤

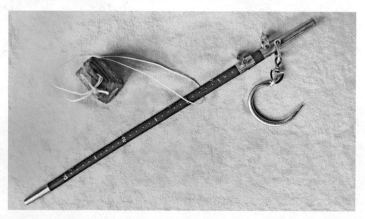

◆ 现代，杆长35厘米，最大称量10市斤的木杆秤

1959 年 3 月 22 日，国务院发布的《关于统一我国计量制度的命令》指出："……国际公制（即米突制，简称公制）是一种以十进十退为特点的计量制度，使用简便，已经为世界上多数国家所采用，现在确定为我国的基本计量制度，在全国范围内推广使用。原来以国际公制为基础所制定的市制，在我国人民日常生活中已经习惯，可以保留。市制原定 16 两为一斤，因为折算麻烦，应当一律改成 10 两为 1 斤，1 两等于 50 克，1 斤为 500 克。这一改革的时间和步骤，由各省、自治区、直辖市人民委员会自行决定。中医处方用药，为了防止计算差错，可以继续使用原有的计量单位，不予改革……"

浙江永康县从 1959 年下半年开始将原 16 两秤改为 10 两，10 两为 1 斤。我国过去长期通行的 16 两为 1 斤的衡制，产生了划时代的变化，这改变了往昔中国计量制度的混乱局面。但 16 两为 1 斤，不是一刀切，在民间还有一个承前启后的过程，从制作到使用需一段适应时间，此后人们为区分 16 两和 10 两，便将 16 两之"两"称之为"小两"。

1977 年国务院发布了《中华人民共和国计量管理条例（试行）》的通知（国发〔1977〕60 号文件）等文件。

1978 年开始，中医处方用药和中药销售实行以克、毫克为计量单位，取消了原 16 两为 1 斤的两、钱、分、厘。1979 年永康县完成改制工作。

1984 年 2 月 27 日国务院发布了《关于在我国统一实行法定计量单位的命令》。

《关于在我国统一实行法定计量单位的命令》部分条款

一、我国的计量单位一律采用《中华人民共和国法定计量单位》。

二、我国目前在人民生活中采用的市制计量单位，可以延续到 1990 年，1990 年年底以前要完成向国家法定计量单位过渡。……

三、计量单位的改革是一项涉及各行各业和广大群众的事，各地区、各部务必充分重视，制定积极稳妥的实施计划，保证顺利完成。

四、本命令责成国家计量局负责贯彻执行。

本命令自公布之日生效，过去颁布的有关规定，与本命令有抵触的，以本命令为准。

1984 年上半年，永康县推行法定计量单位领导小组下半年开始试制千克秤。1985 年 2 月，其试制千克秤经浙江省计量局鉴定合格，批准生产，并禁止生产市斤秤。

《中华人民共和国计量法》已于 1985 年 9 月 6 日由中华人民共和国第六届全国人民代表大会常务委员会第十二次会议通过，自 1986 年 7 月 1 日起开始施行。

我国政府非常重视计量工作，并由国家主席签署了《中华人民共和国计量法》命令，这在众多的手工艺中是绝无仅有的，说明它的重要性是不言而喻的。

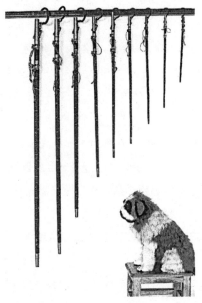

◆ 现代，最大称量2市斤、3市斤、5市斤、10市斤、20市斤、30市斤、50市斤、60市斤、70市斤的普通木杆秤

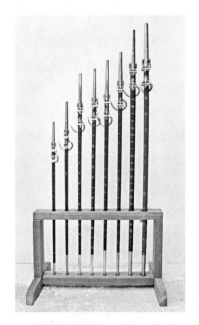

◆ 现代，最大称量80市斤、100市斤、150市斤、200市斤、250市斤、300市斤等的工艺木杆秤

◆ 现代，杆长1.65米，最大称量500市斤的工艺大木杆秤

◆ 现代，杆长 2.4 米，杆直径 6.5 厘米，最大称量 800 市斤的工艺大木杆秤

◆ 现代，杆长 2.4 米，杆直径 6.6 厘米，最大称量 880 市斤的工艺大木杆秤

　　1987 年，为与国际计量接轨，取消市斤，改千克（1000 克）制，2 市斤为 1 千克。尽管政府有明文规定，商业计量需用千克，但只是在行文上和传媒等有关部门正式采用。由于几千年来所沿用的市斤制，称谓习惯顺口方便，还需较长的承前启后的适应过程，在民间还难以全面推广。现在执行的是双轨制，至今尽管国家已改为千克制，但千百年来，多数群众买卖时，仍都称呼为市斤，如担、100 斤、1 斤、半斤。时下民间甚至还在批量生产市斤的木杆秤，这一量制，将同老百姓长期共处，这种根深蒂固的习惯恐怕短时内还难以改变。

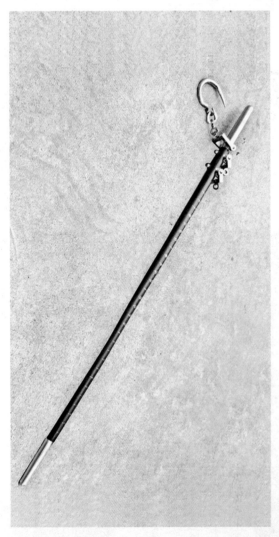

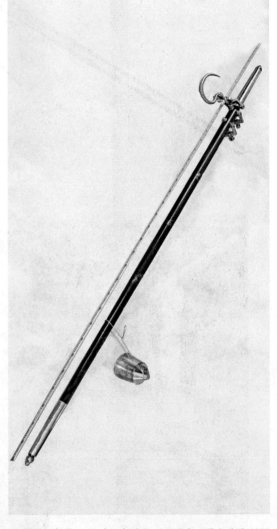

◆ 现代，杆长 2.53 米，杆直径 6.6 厘米，最大称量 1000 市斤的工艺大木杆秤

◆ 现代，杆长 3.32 米，杆直径 7.8 厘米，最大称量 1888 市斤的工艺大木杆秤

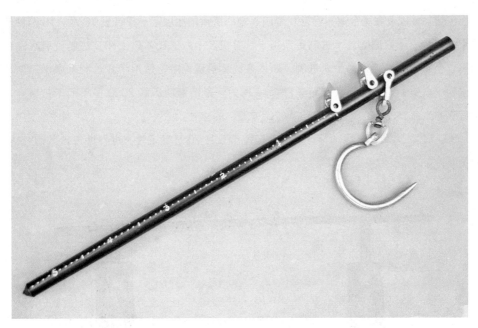

◆ 现代，两只尖头铜苏纽、下翻镀锌铁秤钩，杆长50厘米，短而粗的铝合金电化黑色杆秤，最大称量为15市斤

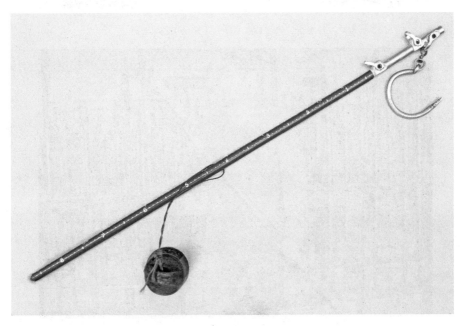

◆ 现代，杆长60厘米，铝合金红色电化杆秤，最大称量为20市斤

现在新加坡以及我国台湾、香港、澳门等地的法律依然规定一斤等于 16 两。16 两秤使用的是十六进制，十六进制比十进制更适用于计算机。十六进制本质上和二进制没有区别，二进制可以十分方便地转换为十六进制，所以在计算机理论中常使用十六进制来表示二进制代码，说明十六进制有它的特色和科学性。16 两为一斤的量制历经 2000 多年而未被摒弃，至今还有它的生命力，具有秤斤两文化的"活化石"的称号。

1999 年起，第二十一届国际计量大会把每年 5 月 20 日确定为"世界计量日"，亦说明衡器的重要性。

◆ 现代，用金丝钉秤星和图案，最大称量为 800 公斤的工艺木杆秤

◆ 杭州萧山民间收藏协会会长金雷大，观看鉴定钉有清同治壬申办的长 1.72 米，粗 4.1 厘米，最大称量为 120 市斤的花梨木杆秤（萧山民间杆秤陈列馆馆藏）

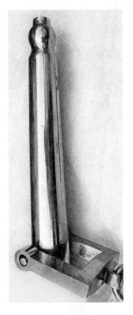

◆ 现代，3000市斤木杆秤的铜头，长50厘米

◆ 3000市斤木杆秤的铜下翻和两只铜秤组

◆ 起始称重300市斤，有福禄寿喜图案（3000市斤木杆秤局部）

◆ 有十二生肖和蝙蝠的图案（3000市斤木杆秤局部）

◆ 羊、猴、鸡、狗、猪图案（3000市斤木杆秤尾部）

◆ 3000市斤木杆秤的铜秤末尾，长48厘米

◆ 3000市斤木杆秤的铜下翻和铜秤钩

◆ 中外客商在3000市斤特大工艺木杆秤前合影留念（胡乾仓 摄）

◆ 现代，3000市斤与1市斤的杆
秤秤砣，其重量分别为100市斤
和75克

◆ 现代，杆长3.6米，杆直径
10厘米，铜下翻秤钩、铜
桥杠纽、铜秤砣，用金丝钉
秤星，最大称量为3000市斤
的工艺木杆秤，是当代世界
上最大计量的杆秤(此杆秤
头部作为对比的是最大称量
为10市斤的木杆秤)

六、制作木杆秤的工具、材料

　　制作木杆秤需要备有众多的传统手工具及其配件、材料，加工杆秤时方能得心应手，达到事半功倍的效果，且还可大大提高其质量。

◆ 制作杆秤的工作台和坐箱　　◆ 刨木秤杆的工作凳和工作台

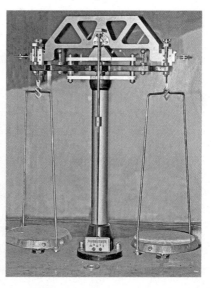

◆ 校秤时用的木架　　　　　◆ 可称1000克物品的工业天平

　　《论语·卫灵公》：“子曰：‘工欲善其事，必先利其器。’”意思是说，一个做手工或从事工艺的人，要想把工作完成，做得完善，应该先把锐利的工具准备好。

　　在我国民间三百六十行的民生传统手工艺中，唯有制作木杆秤需要许多小巧而用途广泛的工具。比如钉秤工序繁多，这在民间制作其他传统手工艺时，是很少见到的。

　　制作传统木杆秤除了必须购置日常使用的手车钻、钻头、割刀、锉刀、剪刀、锤子、钳子、起子、弓步、铬铁、火钳、活动扳手、铁挂钩，各种大小铁凿和校验砝码、拉丝板、底部镶嵌钢板的圆杆刨等专用工具，还要购买各种规格的铜或铁的秤钩、铜或铁的秤纽、铜或铁

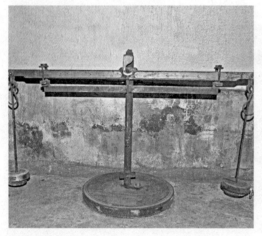

◆ 20世纪80年代制造的，可称50市斤物品的土天平

◆ 墨斗 (用于制作百市斤以上木杆秤)

◆ 铁老虎钳(萧山民间杆秤陈列馆馆藏)

◆ 现代工业天平的1克、2克、5克、10克、20克、50克、100克的砝码

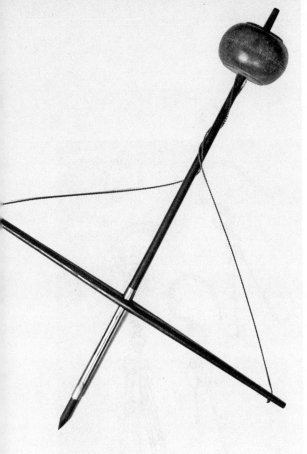

六、制作木杆秤的工具、材料

◆ 三分、四分、五分、六分和一寸的铁凿

◆ 磨刀石

◆ 钻秤星的手车钻

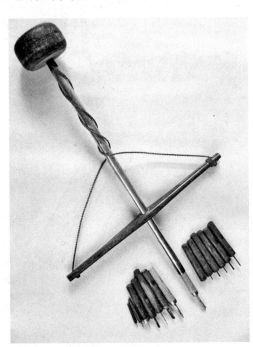

◆ 钻木杆秤秤钩、秤纽洞孔的手工车钻

◆ 钻木杆秤秤星的24号、26号、28号、30号、32号
　车钻头

◆ 用于制作1市斤、2市斤、3市斤、5市斤、10市斤、
　15市斤、20市斤、30市斤、50市斤、80市斤、
　100市斤等杆秤的钻头，安装木杆秤的秤钩、秤纽洞
　孔的车钻头

◆ 国家制定的0.25千克、0.5千克、1千克、2千克、5千克标准砝码

◆ 国家制定的10千克、20千克、25千克标准砝码

◆ 挂在秤纽上用于画出秤杆上斤两位置的各种大、小挂钩

◆ 2.5千克、5千克二组共16只大、小校钩

◆ 自制用于10市斤、20市斤、30市斤、60市斤、100市斤、140市斤、200市斤等,不同长短秤杆的秤钩、秤组计算器

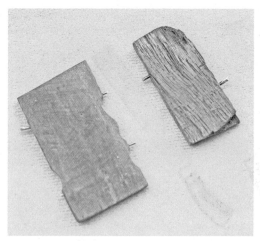

◆ 自制用于画百市斤以下的木杆秤的直线的工具墨线钻

◆ 过去秤工用的鲁班尺，一鲁班尺等于27.78厘米，3.6鲁班尺约等于现今1米

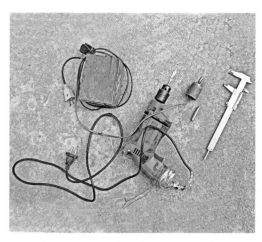

◆ 现代的钻秤星电车钻、手电钻、游标卡尺

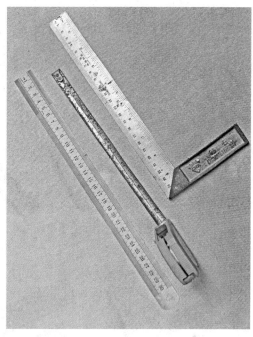

◆ 现代的公分尺、卷尺、钢丁尺

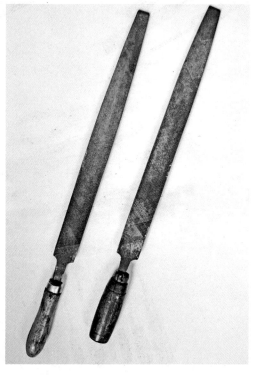

◆ 粗、细平锉

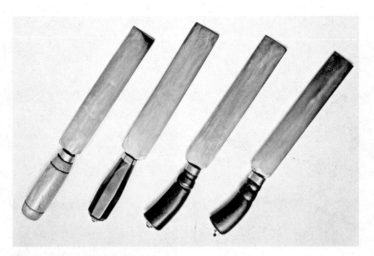

◆ 钉秤星的粗、细锯齿割刀

◆ 半圆木锉，方形、三角形、鱼尾形铁锉
和刻刀

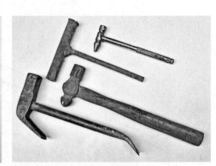

◆ 粗、细木工锉

◆ 各种型号的大、小铁锤

◆ 手钳、尖钳

◆ 中、小活动扳手

◆ 各种规格的平头和梅花形起子

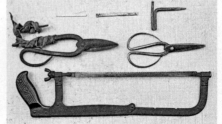

◆ 钢锯、剪子、小铁凿

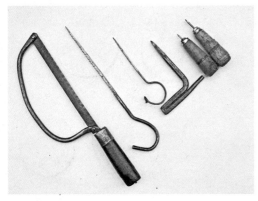

◆ 自制的小钢锯、小木锉、钻子

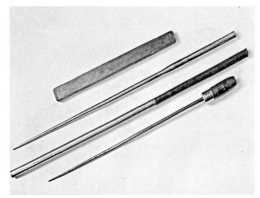

◆ 制作戥秤和10市斤以上铜套的铁棍、锥铁针和长扁方木

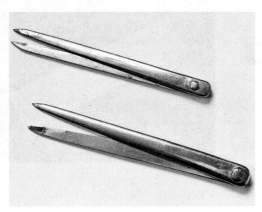

◆ 弓步

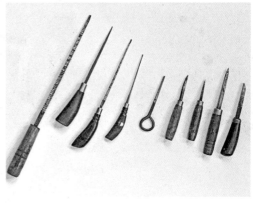

◆ 各种大小的木锉、钻子、刻刀

◆ 铁刮

◆ 木柄刷

◆ 产于浙江常山县的粗、细磨秤杆石

◆ 打磨秤星的各种粗、细磨石

◆ 小铁礅

◆ 磨秤杆的砂轮

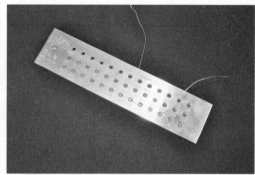

◆ 具有各种大小洞孔的拉丝板

◆ 用拉丝板拉 32 号银丝

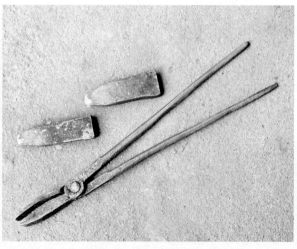

◆ 焊接铜套管的铁钳、紫铜铬铁

的秤砣，不同粗细的铝丝、铜丝、金银丝、砂纸、磨石、铊绳、蜂蜡等，以及长宽厚薄不等的黄铜皮，焊秤杆铜套管的滇锡、松香等材料，同时事先还要配备好许多不同长短斤两的木秤杆，现代各种斤两的电化铝合金半成品的秤杆等。有些老师傅，根据多年生产实践的经验，创制出一些既方便又实用，且能迅速划出木杆需嵌秤钩与秤纽的木条计算器，用它们则可划出100市斤以内各种斤两木秤杆上系秤钩与秤纽的位置，不仅准确、方便、易行，还可省略繁杂的计算手续。还有自制的墨线钻、墨斗，可画与弹秤杆上的两条钉秤星的直线，改制锯铜垫片或与铜套管对接缝隙的小弓锯，自制常用的小钻、小锤和小锉共计60余种，多达百余个规格的工具和材料，在制作时，伸手拿来，既省时省力又可提高工效，从中可见工具的重要性。

现今有些工匠按照制作木杆秤的树材质和用户的需求，必须自己熬制儿茶、绿矾等涂料，涂刷秤杆后可将其染成紫红色、酱色或黑色等。在旧时有的老师傅，还用水银与滇锡混合溶解配制成汞合金的粉末，代替铜丝涂抹秤星，使秤花明亮，既快又可降低成本，一举两得。还用苎麻制作麻秤纽与麻铊绳等，还有其他零碎的配件和辅助材料。

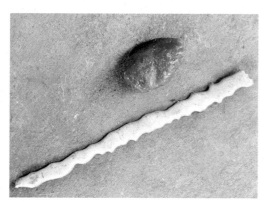

◆ 焊锡、松香

◆ 制作木杆秤套管的宽50~70厘米、厚0.5毫米的黄铜皮

◆ 制作木杆秤套管的宽10~30厘米、厚0.2毫米的黄铜皮

◆ 旧时用水银溶解锡的汞合金，用于涂抹木杆秤的秤星

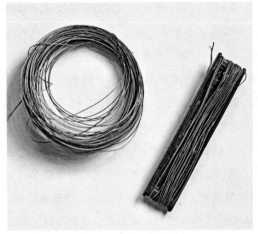

◆ 制作木杆秤的 26 号、28 号铜丝

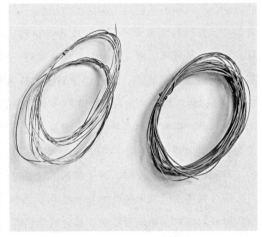

◆ 制作木杆秤的 24 号、26 号铝丝

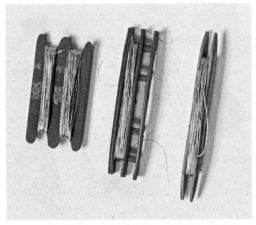

◆ 制作工艺木杆秤的 28 号、30 号、32 号金丝

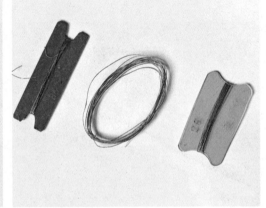

◆ 制作工艺木杆秤的 28 号、30 号、32 号银丝

　　21 世纪以来，随着社会和科学技术的不断发展和进步，有些相对年轻的工匠，抓住时下民间众多杆秤藏家喜好收藏高档、精致的各种工艺木杆秤这一契机，与时俱进，采用一些现代的千分尺、卷尺、电钻、电锯、电刨和电烙铁等工具加工杆秤，从而大大提高了工作效率，降低了成本。目前，采用半机械化制作的精良的木杆秤或小型金属杆秤也已面世。

七、制作杆秤配件

1. 制作木秤杆

木秤杆通常叫衡，衡则公正，就是天平的意思，不能随意抬高或压低。古人叫秤杆、秤为"衡"。《前汉·律历志》曰："衡，平也。所以任权而均物，平轻重也。"秤杆是木杆秤的重要组成部分，多用木材制成。秤杆上均安装有秤钩和秤纽，镶嵌计量斤两的秤星，在秤杆上移动秤砣标有星点处，则反映物重，若在称东西时则显示出该物品的重量。

20世纪中叶以前，国家有关职能部门对各种规格、重量的木秤杆的长度、粗细，没有严格的要求和明文规定，各地区秤匠只是凭传承的方法而行之。综观全国各地祖辈遗留下来的杆秤，可谓五花八门，长短、大小与其称量不成比例，如清光绪年间制作的长2.16米的木杆秤，最大称量仅70市斤。

我国地域辽阔，东南西北的气候、土质有别，树材种各异。民间往昔制作木秤杆，一般都从实际出发，按照当地的习惯，就地取材进行加工而成。

国家计量总局（81）量总管字第383号文件规定："考虑到某些地区的使用习惯和材质不同，在保证精度的前提下，秤杆的长度可稍长于规程中规定的长度，但不得短于规定长度5厘米。"

制作木秤杆看似十分简单，实际技术要求很高，是钉秤匠基本功之一，因此秤工需掌握一定的木工知识与操作技艺。特别是在旧时，把细长的木料用斧头劈成圆木棍，再刨成整支粗细通直的圆锥状秤杆十分不易，需要十分认真、细致，方可轻车熟路地完成制作秤杆的每道工序，达到规定的标准。这不仅关系到所制作木杆秤的质量优劣，亦是鉴定其是否符合规定的主要标志之一。

钩秤和盘秤的秤杆，应用坚硬、涩性、干燥、吸潮性小、不易弯曲的木材制造。其弯曲度要求为：当秤杆上加放负荷至最大称量时，由于秤杆弯曲引起秤尾端的位移，不得超过杆长的千分之八。戥秤的秤杆因其细小，多用骨质、象牙、金属等，亦有少数采用稳定性较高的红木。

制造秤杆的木材，大体分为甲级与乙级两大类，若干树材种。

甲级木材有紫檀、红柴、黄花梨、花榈木、红酸枝和小叶紫檀等名贵树木，尤其是海南黄花梨更显高贵。甲级木材的特性为：加工成秤杆后，呈棕黑色或紫棕色；木质坚硬、吸潮性小、不易变形，木质机理细腻致密，多数不用着色。

乙级木材有紫荆、枣树、黄檀、红豆木、黄连树等杂木。乙级木材的特性为：经加工成秤杆后，呈红黄棕色，木质坚硬仅次于甲级木材，木质纤维短而粗。各地还有众多的适于制成秤杆的木材，如车旋磨光和涂刷油色性能优良的栗树、枇杷、楠木等。秤杆的优劣关系到整支杆秤的质量，不可随便使用不符合制作秤杆标准的木材。

木秤杆在我国多数省份都是加工成圆锥形的，只有湖南浏阳等少数地区生产的木杆秤其杆横切面是椭圆形，俗称扁圆形，老百姓称它为"鲫鱼背"。这样的木秤杆，两头略微翘起，称物时即可自然压直，其力度要优于圆木杆，比同类木秤杆牢固、耐用，使用时不易折断，但制作过程要求技术更高，加工难度较大。除浏阳外，其他地方只有因特殊用途时，方能偶尔见到它的踪影，因此，其在民间未能广泛普及与推广使用。

制作木秤杆需掌握"长木匠，短铁匠"的取料原则，这是一项技术性很高的手工活，因它牵涉用斧、刨、锯、凿、钻等工具，只有熟悉木工的知识，方可得心应手地制作出合格的木秤杆。

在旧时，木秤杆的原材料一般都是从山上砍伐的原生木，木材需经一年以上自然干燥，或经烘烤防潮处理，且不应有裂痕、疤节、虫眼等缺陷。

◆ 各种刨、斧、凿等工具

◆ 制作木秤杆的大、中、小木工刨

◆ 底部镶嵌钢板的制作木秤杆的粗、细木工刨

◆ 加工刨秤杆的工作凳

◆ 无把手的底部嵌有钢板的专用于刨圆木秤杆的粗、细小刨

制作传统木秤杆是制作木杆秤的重要环节，全凭秤工的技艺完成。在开始加工木秤杆时，先将圆木锯成所需大小和长短，然后再用斧子将木棍的树皮、毛刺劈掉处理成粗坯，随之置于工作凳上，用特制的在底面刨刀处嵌镶有钢板的专用刨秤杆的木工粗刨将其刨成圆直锥形，并边刨边看是否通直，而后换成中粗刨，刨成圆形，再以细刨刨削成圆秤杆。此后左手持秤杆，右手用粗刨或细刨，边刨边旋转，并注意不能左右偏斜，再拿起秤杆查看，若有微凸处还要进行修理，通常每支秤杆需用粗刨、细刨刨四五次，不能有丝毫差错，且应制成支点（秤纽）处较粗大，随之至杆尾渐细小，达到杆前三分之一处略粗，将秤杆头尾刨出圆锥度，中间粗两头细。这样既可以减少秤杆的重量，又不会减少秤杆的强度，而且还便于携带使用，这种形状结构利用力学的原理，使得秤杆更加牢固。最后还要将杆秤用水砂纸或水磨石于木盆上浸水打磨光滑，以手触摸感觉秤杆圆润，放入泡好的石灰中呛（翻圆色）2小时左右，取出洗净晾干，经检验达到要求后，方为合格。特别是制作500市斤以上的工艺木杆秤要求更加严格，需用游标卡尺反复检量秤杆头尾粗细是否均匀。鉴定一支木杆秤是否优质，其秤杆的质量好坏约占整支杆秤的百分之五十，因此，刨木秤杆是制作木杆秤的重要环节。

◆ 长2米的方形秤杆粗坯

◆ 开始以通用粗刨刨大木秤杆

◆ 用粗刨刨至秤杆尾

◆ 将秤杆头、尾刨成小圆锥形

◆ 要反复多次方刨成圆形

◆ 看秤杆是否通直

◆ 左手拿秤杆，右手持细刨，
　边刨边旋转秤杆

◆ 头、尾先用小粗刨刨出锥度

◆ 左手拿秤杆，右手用小细刨刨至大秤杆末尾

◆ 将要刨好的大秤杆

◆ 把大秤杆置于木盆上，用砂轮反复多次磨圆润

◆ 用油标卡尺测量木杆大小

◆ 用圆刨刨长140厘米的木秤杆

◆ 用圆刨刨秤杆时，右手拿刨，左手持杆头，边刨左手边旋转

◆ 刨制1市斤、长35厘米的木秤杆

◆ 刨制2市斤、长40厘米的木秤杆

◆ 将木秤杆用小细刨再刨小一些

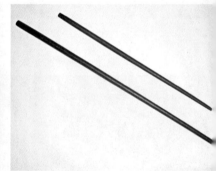

◆ 已制作好的长50厘米和40厘米的红木秤杆（萧山民间杆秤陈列馆馆藏）

　　21世纪以来，民间加工木秤杆也与时俱进，都是个体作坊统一加工、批量生产。往往采用从菲律宾进口的黄铜槽原木，并视该木材大小、质量情况，分别锯成各种秤杆所需的长短，将它置于带锯机上锯成粗细方形，然后放在专业车床上加工成头略粗、尾稍细的圆锥形，

即成为一支支大小、长短不同的木秤杆了。秤工只要从批发市场采购木秤杆，将秤杆头尾稍作加工处理，刨成光滑的圆锥形即可。现今除了 800 市斤以上的特殊大木秤杆外，已很少见到老秤工靠体力，手工劈、刨木秤杆了。传统加工木秤杆的方法，再过十年八载或将成为历史了。

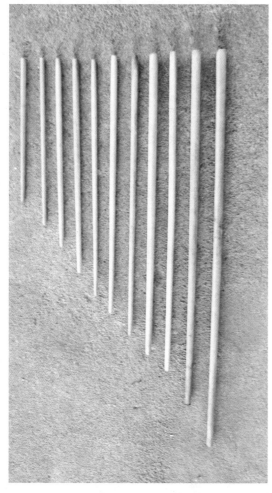

◆ 常用的木秤杆规格，长度分别为 30 厘米、35 厘米、40 厘米、45 厘米、50 厘米、55 厘米、60 厘米、65 厘米、70 厘米、80 厘米、90 厘米

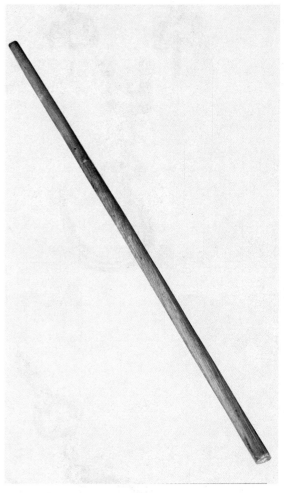

◆ 长 2 米的半成品秤杆

2. 制造秤钩和秤盘

木杆秤前端下垂的金属秤钩或秤盘，是专用于悬挂称东西时的钩子与盛物盘。

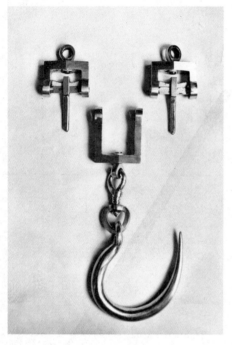

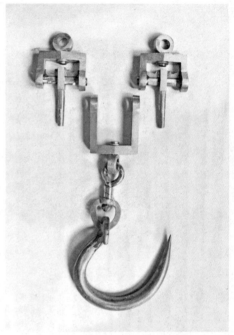

◆ 现代，轿扛式不锈钢秤纽与不锈钢下翻秤钩

◆ 现代，轿扛式铜秤纽、铜下翻、铜秤钩

◆ 往昔的挂排式铜秤钩

　　秤钩是杆秤的主要配件之一，传统的秤钩多用铁条或少数紫铜棒锻打而成，其尺寸均由杆秤需称物品最大的负荷重量而定，并要求制作美观、用时方便、牢固。在中华人民共和国成立后，国家对制作杆秤的秤钩和秤盘均无具体的严格要求，一般只要符合大秤大钩，小秤小钩就可以了。而 20 市斤以下的盘秤或戥秤，又有铜圆盘或铜铲盘之别。古时的秤钩和秤盘，只需外表光洁、耐用、大小适中，以顺手实用为原则。

　　全国各地杆秤的秤钩与当地老百姓生产和生活的习惯密切相关，视用途而定，形状大同小异。在古代，由于金属材料匮乏，民间多利用麻绳穿过秤杆前端的洞孔打成死结，让它自然下垂再结扎物品来代替秤钩，后来又在麻绳下端系只铁秤钩。

◆ 古代，铁下翻，铁秤钩

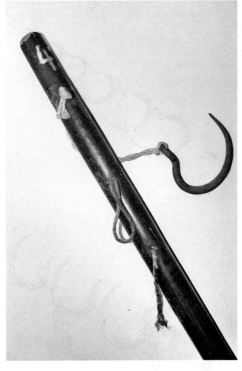

◆ 古代，用麻绳系铁钩（萧山民间杆秤陈列馆馆藏）

20 世纪 70~80 年代，为了确保杆秤的质量，国家计量部门按照常规指定个体打铁店制作秤钩。

木杆秤因规格计量不同，需制造型号大小各异的秤钩。如 200 市斤的木杆秤，秤钩重 200 克；150 市斤的木杆秤，秤钩重 150 克；50 市斤的木杆秤，秤钩重 75 克；30 市斤的木杆秤，秤钩重 40 克。1 市斤熟铁可锻打匹配 20 市斤杆秤的 25 只秤钩。其他型号规格的秤钩在其范围内按比例而行之。秤钩要有安装张开合拢的小扣纽，并与秤钩上方的绕铁丝可旋转的连接环（俗称"猢狲箍"）相呼应契合，并允许微小正负允差，只要做到结构合理，且光洁度好，能适应该秤挂物品即可以了。

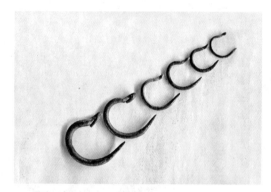

◆ 现代，10~300 市斤的铁秤钩

◆ 现代，10~300 市斤的镀锌铁秤钩

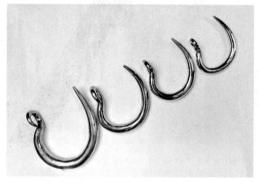

◆ 现代，200 市斤、300 市斤、500 市斤、680 市斤的铜秤钩

◆ 现代，150 市斤、200 市斤、300 市斤的不锈钢秤钩

各种杆秤的大小秤钩重量国家没有严格要求，成品秤钩若有允差，秤工在制作杆秤的斤两定零点秤星时，可适当灵活地在秤杆前后稍作移动定位，进行调整，使其不至影响计量的准确度。因此，职能部门从未正式出台相关具体行文，一直沿袭各地的传统方法进行生产，也是情理之中了。

　　古代的民间木杆秤通常多为铁秤钩，亦有少数比较考究的官秤或大商店采用紫铜秤钩。现今除了锻打的铁秤钩以外，还有经镀锌的铁秤钩。而时下锻打的黄铜秤钩与不锈钢秤钩，多数是与用于收藏的工艺木杆秤相配套。此外，旧时秤钩的形状则有较为粗糙的，有专用于称木柴、石灰等并蒂铁双秤钩（俗称"龙凤钩"）的；亦有卖肉专用的铁秤钩秤钩大而称量小且钩尖，手握秤钩既方便钩肉，又不成比例，反其道而行之。

　　过去民间制造金属秤钩一般都是在比较简陋的棚屋里，且多数属粗放型无需很精细的男人手工力气活。锻打秤钩，通常用的是室内墙壁边缘处设有手牵风箱的熔铁炉、铁镦和几把两三斤重的铁锤、铁钳等锻造工具。铁匠锻打秤钩前，需事先准备好与之相适应粗细的铁条，然后截成长短一致，备用。开始锻打秤钩时，先将熔铁炉膛的木炭点燃，把铁条或铜棒埋入炭火中，并牵动风箱助燃，使之产生红红火焰，待铁条头部烧至通红后，左手用铁钳夹住铁条速置于铁镦上，右手拿铁锤，边打边翻动，连续不断地锻造成尖锥形，随后插入炭火里，时而观看铁条红度，达到恰好处后，仍放在铁镦上锻打成小扣纽，顺手调转头再次于炭炉中烧红，按同样方法锻造成尖状，然后又要埋入炭炉里烧红，速用左手铁钳夹住尖端于铁镦上，左右手同步用铁钳将它弯曲成钩，经再次锻打达到既定的形状，最后稍作锻打整理，即成为一只铁或铜的秤钩了。如果是制作黄铜或不锈钢的秤钩，其粗坯还需经锉光、打磨、抛光多道工序方为成品。最后在安装秤钩时，还要将事先加工好的铁或铜质重点刀刃、重点刀架、刀垫环、连接环等配件组合在一起，即成一套完整的秤钩了。现今有些铁秤钩为了防锈、美观，须经镀锌，还要另外送至电镀作坊再次加工，方可出售使用。

◆ 首次将铁条插入火炉中

◆ 将烧红的铁条从火炉中取出

◆ 铁条烧红后置于铁镦上开始锻打

◆ 锻打一头尖的铁条

◆ 将要锻打好一头尖的铁条

◆ 用铁钳翻动火炉中的铁料

◆ 将要锻打好两头尖的铁条

◆ 牵风箱助燃，最后将铁条烧红

◆ 开始锻打秤钩吊环

◆ 弯秤钩环

◆ 准备把烧红的铁条从炉中取出

◆ 开始将烧红的铁条弯成钩

◆ 将初次弯成的铁钩再次埋入炭火炉中

◆ 刚从炉火中取出的铁条，用钳弯曲

◆ 将要弯好的铁秤钩

◆ 用铁锤锻打弯曲

◆ 置于铁錾边缘，用铁锤锻打弯曲成秤钩

◆ 将秤钩放在铁錾尖头锻打成型

◆ 将要锻打好的秤钩

◆ 已锻打好的铁秤钩成品

◆ 用平锉锉铜秤钩

◆ 用布轮抛光铜秤钩

◆ 现代，安装在杆秤下翻的不锈钢秤钩

◆ 现代，安装在杆秤下翻的铁秤钩

◆ 现代，安装在杆秤下翻的黄铜秤钩

◆ 现代，安装在杆秤下翻的镀锌秤钩

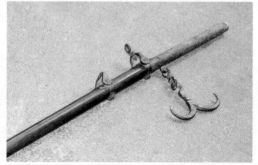

◆ 旧时，安装在杆秤上的挂排式龙凤铜钩

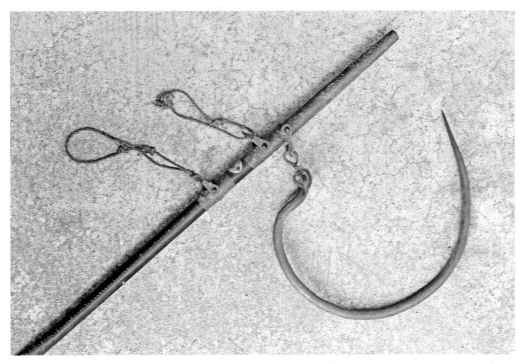

◆ 旧时，称 10 市斤的铁下翻称肉大铁钩

　　3~15 市斤的秤盘或 2 市斤以下的戥秤的秤盘，在旧时是用紫铜或黄铜以纯手工锤打加工而成，现今多用黄铜板、铝合金板或少数不锈钢板经冲压制作而成。

　　制作盘秤的铜盘，需先将黄铜板置于工作台上，用分规画出圆形的痕迹，随即剪成圆形，并放在凹形的木墩上，用圆铁锤经反复锤打成为圆盘，然后用空心钢钻于圆盘边缘用力击钻头系线绳的同等分三个洞孔，最后稍作打磨砂光处理，即可使用了。

◆ 在铝合金板上，用弓步计算秤盘

◆ 将铝合金板剪成圆形

◆ 将铝合金板锤打成秤盘雏形　　◆ 继续锤打铝合金秤盘边缘　　◆ 将要锤打好的铝合金秤盘　　◆ 打凿各种金属秤盘系绳的洞孔

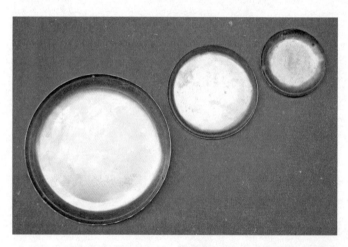

◆ 制作好的18厘米、12厘米、10厘米铜秤盘

◆ 制作好的20厘米铝合金秤盘　　◆ 制作好的30厘米不锈钢秤盘

另外还有与旧时模针纽有异曲同工作用的梅花形连接吊环，视准器内上下针尖对正，重力垂直，如同天平指针表示秤已平衡不偏移，这种特殊小型铜吊环主要是用于连接戥秤的小铜盘。这类结构的传统戥秤多为广东一带计量中药时习惯使用，其他地方很少见到。

进入21世纪后，民间制作各种秤钩的方法也与时俱进，但多数打铁作坊已改用鼓风机助燃，用脚踏自动电气锤代替手工锻打秤钩，采用半机械化生产了。现今只有少数铁匠仍不离不弃地坚守这种行当，但基本上已难觅用往昔的传统方法制造秤钩的作坊，而这种世代传承的技艺，不久也将消失在我们的记忆中。

3. 制作秤纽

秤纽，亦叫秤毫，是安装在杆秤前端上方的一种系有手提绳的金属连接环纽的重要配件。

 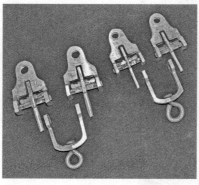 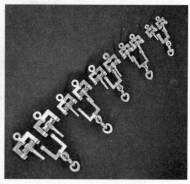

◆ 制作好的三只为一套　　◆ 制作好的80市斤、50市斤木杆秤的模　　◆ 制作好的100市斤、80市斤、50市斤、
的轿扛式铜纽和铜　　　针铜纽和下翻连接环　　　　　30市斤、15市斤木杆秤的轿扛式铜
下翻　　　　　　　　　　　　　　　　　　　　　纽和下翻连接环

◆ 制作好的三只为一套的尖头铜苏纽，均　　◆ 用冲床成型的80市斤、50市斤、30市斤、
镶嵌优质钢的对针，面担，两扛及下翻　　　15市斤的铁镀锌轿扛纽和下翻连接环
的铁钩环

 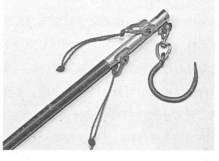

◆ 制作好的500市斤木杆秤的不锈钢轿扛　　◆ 现代，压铸而成的铝秤头、外刀式上下翻铝
式秤纽，下翻连接环　　　　　　　　　秤纽，翻头铁秤钩，电化红色小铝杆秤

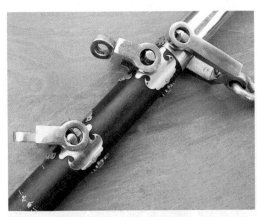

◆ 现代，安装在秤杆上的两只不锈钢轿杠纽和下翻

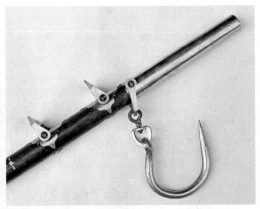

◆ 现代，安装在秤杆上的两只尖头铜翻纽，铜下翻、铁秤钩

◆ 现代，安装在秤杆上的二只铜轿杠纽

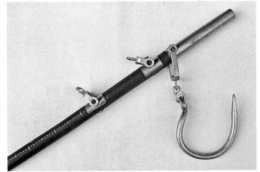

◆ 现代，安装在秤杆上的两只镀锌轿杠纽、镀锌下翻和镀锌秤钩

　　杆秤的秤纽有麻绳纽、丝线纽（用于戥秤）、铁秤纽、铜秤纽、一只绳纽与一只铁纽混合纽，以及现代用机器冲压成型的平头铁纽、手工锻造的不锈钢秤纽等，共七大类，若干品种、规格。

　　在古代因有色金属材料匮乏，民间制作木杆秤时多采用麻绳秤纽和锻打的铁秤纽。随着社会的不断发展，上述两种秤纽在 20 世纪 70～80 年代后均已经消失了。直到 19 世纪，杆秤才由传统的绳纽结构，逐渐改变为外刀纽与刀承或内刀纽与刀承结构。

　　现今木杆秤的秤纽多为外刀式和轿杠式。外刀式指固定绳孔的尖头铜翻纽，俗称为苏纽；轿杠式指可左右活动平头绳孔的铜秤纽。这两类秤纽用途相同，视使用者的习惯而定制。由于轿杠式铜秤纽结构较为复杂、时尚、牢固，且要比尖头铜翻纽价高，因此民间多采用普通的尖头铜翻纽，只有少数用轿杠式铜秤纽，而 300 市斤以上的工艺木杆秤，必须采用轿杠式铜秤纽或煅打不锈钢的轿杠秤纽及与之配套的铜下翻、铜秤钩和不锈钢的下翻、不锈钢的秤钩，这样既可使杆秤上的支点合理牢固，还可承受称物时的重量。黄铜或不锈钢的轿杠式秤纽制作的杆秤高档而美观，为当今有识之士收藏之首选。

还有现代制作的外刀式和内刀式的铝合金杆秤，在电化红色秤杆的空头前，安装在事先制成的金属秤头上，并带有上下翻转的简单铝合金 U 形秤纽，秤杆头部可翻动的铁秤钩，这类杆秤过去多属于东北杆秤以及现今制作的铜质杆戥秤。

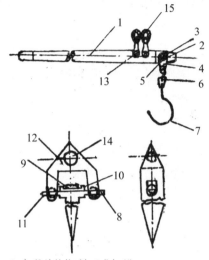

◆ 杆秤的结构 (外刀式杆秤)

1. 秤杆　2. 重点刀　3. 重点刀刃　4. 重点刀架
5. 刀垫环　6. 连接环　7. 秤钩　8. 支点刀
9. 刀柱　10. 挡销　11. 支点刀刃　12. 支点刀架
13. 刀垫环　14. 洞眼　15. 手把

在外刀式杆秤上除装有重点刀组和第一、第二两个支点刀组外，还钉有分度标尺。重点刀的上方制成刀刃分列杆的两旁，并分别套入重点刀架的两边刀垫环中。重点刀架上装连接环及秤钩，支点刀用带有方孔的刀柱和挡销将它固定于杆秤上。其向杆秤两边伸出的刀刃分别套入支点刀架的两边刀垫环中。支点刀架头上有洞眼，可加装麻线、沙县、尼龙线制成的手把。第一支点、第二支点的刀组结构完全相同。

在内刀式杆秤的头部，套上事先制成并带有开口槽的金属秤头，重点刀套上重点刀架的刀垫环牢固地装入开口槽中，重点刀架上装有连接环及秤钩。支点刀和刀架先装入刀柱的刀槽内，然后再将刀柱垂直嵌入木杆槽中，另用铁钉横穿秤杆并通过刀柱特备的眼孔而将其钉紧（或将刀柱在杆秤下方露出部分铆紧）。支点刀架上装有铁环和手把，每个支点的下方，均留两个圆孔以备清除槽内积垢用。

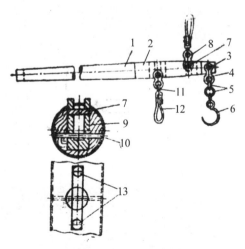

◆ 杆秤的结构 (内刀式杆秤)

1. 秤杆　2. 金属秤头　3. 重点刀　4. 重点刀架
5. 连接环　6. 秤钩　7. 支点刀　8. 支点刀架
9. 刀柱　10. 铁钉　11. 铁环　12. 手把
13. 圆孔

秤纽是杆秤的主要配件之一，结构小巧美观，灵活方便，光洁度良好，并与整支杆秤大小匀称相配，而更重要的是在计量时，要承受最重的物品，加上它的铊重、秤杆与秤钩上的重量荷载，达到牢固且耐用，因此必须用金属材料或韧性好的丝、麻制成。

过去国家和地方政府的计量职能部门，对各种杆秤的秤纽形状和规格尺寸没有严格的界定，尚未统一标准，因此全国各地自成体系，式样五花八门。20 世纪 50～60 年代前，民间制作木杆秤，老百姓首选的秤纽就是价格低廉、简易、柔软、韧性好的两只麻绳纽。麻绳纽与金属秤纽作用相同，只是欠美观、牢固而已。亦有在秤杆上分别安装的一只麻绳秤纽与一只铁秤纽的，这样既增加秤纽的耐用性，又可降低制作木杆秤的成本，一举两得。

我国广西地区的杆秤，秤纽是外刀式的粗环铁秤纽，而广东、福建地区的杆秤的秤纽是长短不一的准星式的铜秤纽，俗称模针纽。旧时因铜秤纽价高，仅国家有关部门及少数店铺或作坊的杆秤方能使用。20 世纪 80 年代，国家计量部门方默认各地制作秤纽的形状，因此制作木杆秤的秤纽，全国基本上均已采用传统的尖头铜翻秤纽，但民间亦有可活动的平头轿杠式铜秤纽以及少数准星式的铜秤纽。

制作麻绳秤纽，先将苎麻（俗称真麻）分离成麻丝备用。制作时，工匠按照木杆秤的大小，将麻丝于右脚下腿肚的外侧，左手持麻丝，右手不断地搓合成约一尺长的两头尖麻绳，随手折叠成双鼻扣的粗坯，再将两尖头搓合在一起，即成为一只尖头的麻纽了。若安装秤杆的麻秤纽，将麻绳纽尖头穿过秤杆上的绳纽洞孔，并打成死结，即制成麻绳秤纽了。

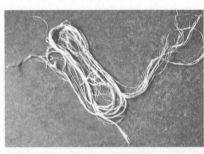

◆ 制作麻绳纽的苎麻

◆ 于右腿肚下方，右手搓麻，左手持麻绳

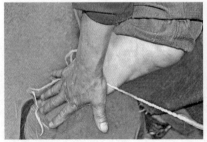

◆ 将要搓好一头麻绳纽

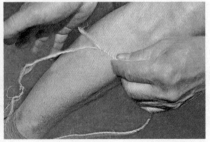

◆ 正在合成一头麻绳纽，接着搓另一头

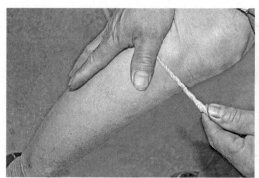
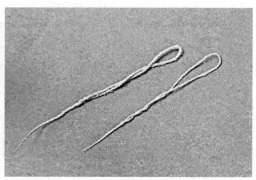

◆ 已搓好一头麻绳纽，接着搓另一头　　　　◆ 已制作好的两只 30 市斤木杆秤的麻绳纽

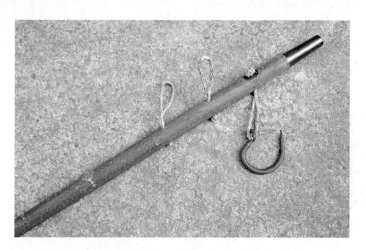

◆ 现代，两只麻绳纽、麻绳铁钩、紫铜包头、仿古的木杆秤

制作尖头铜秤纽与制作轿扛式铜秤纽的方法大同小异，但轿扛式铜秤纽大气、牢固、美观，工艺略为复杂，价格较高。制作 300 市斤以上的木杆秤，几乎都采用轿扛式秤纽。

在制造铜秤纽前，需事先用黄铜块或钢锭刻成各种大小，不同式样、规格的秤纽模具。制作铜秤纽的均为家庭式作坊，多采用传统工

◆ 铸造各种小杆秤的翻纽和下翻的铜模具

◆ 铸造 500 市斤和 300 市斤木杆秤的轿扛式铜组的铁模具

◆ 铸造 680 市斤、200 市斤、150 市斤木杆秤的下翻铁模具

◆ 开始熔化黄铜

◆ 用铁钳夹住两只铜模具，并将锥铁梢插入模子中

◆ 用铁钳夹住铜模具，将铜水铸入模具中

◆ 铜水已铸入下翻铜模中

◆ 揭开模具取出铁梢

◆ 准备取出下翻

◆ 刚铸好的白铜下翻粗坯

◆ 铸好的黄铜小苏纽粗坯

◆ 铸好的黄铜下翻粗坯

艺方法制造。铸造铜秤纽时，先将生黄铜放在坩埚里，置于炭炉中，牵动风箱助燃，使之熔化成铜水。然后左手用铁钳夹住两只合拼的铜模具，插入小铁棍，右手用钳子夹住小铁勺，从坩埚中勺出铜水，并将它铸入模具里，稍待片刻成型，揭开将其及小铁棍取出，即成为一只铜秤纽的粗坯了。若制作100市斤以上杆秤的大号轿扛式铜秤纽，则需用铁模具，并用钢板

◆ 将铜水铸入翻纽的铜模具中

◆ 揭开模具，从铜模中夹出刚铸好的翻纽

◆ 夹住苏纽准备拔出锥铁梢

◆ 夹住苏纽移至存放处

◆ 制作中途发现模具铜渣滓，需用小铁钻铲除

◆ 从铁模中取出轿扛铜纽

◆ 铸好的 500 市斤轿扛式铜下翻及其秤组

◆ 铸好的 500 市斤铜下翻和 500 市斤、150 市斤、100 市斤的轿扛式铜秤组

夹住，螺丝拧紧，方可进行浇铸。等待铸成若干后，适时再经锉平整、钻洞孔、抛光等工序，方成为一只半成品。此后还要用钢材或铜合金加工的挡销、连接环、重点刀、刀柱和支点刀刃等小配件组装在一起。并按规定铜合金制造的刀架眼中应牢固地嵌入钢套垫圈。刀的角度，称量在 100 市斤以上者为 45°～60°；30 千克以下者为 30°～45°。刀刃与刀承应紧密接触，活动自如，即成为一只轿扛式铜秤纽或尖头式铜秤纽了。现今，还有个别作坊，用机械冲床一次性冲压成简易、力学结构合理的各种零件，经组装而成，并经镀锌或油漆，即成价廉物美的轿扛式铁秤纽了。这种形状的秤纽，多用于 80 市斤以下的木杆秤。

进入 21 世纪后，特别是近几年来，随着杆秤制作行业逐渐萎缩，目前浙江省永康市，仅古山镇的胡库村、双门村和金江龙村等的三四家个体户仍在苦苦支撑，生产少批量各种规格的铜秤纽。他们不离不弃地坚守这个传统行当，并且他们中有的个体作坊发现，当前社会有识之士时兴收藏 300 市斤以上的工艺木杆秤，从而转产价格不菲的黄铜或不锈钢的轿扛式的秤纽及其配套的下翻和秤钩。

◆ 左手持铜组，右手握台钻柄，钻尖头苏组绳孔

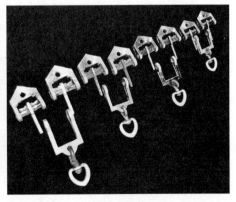
◆ 制作好的 80 市斤、50 市斤、30 市斤、15 市斤木杆秤的尖头铜苏组和下翻连接环

◆ 左手用钳夹住铜纽，右手持专用长方锉将铜纽锉光

4. 制作定量铊

定量铊亦叫秤砣、秤锤，是古人根据"秤砣细、压千斤"的杠杆力学原理制作而成的。秤砣是杆秤不可缺少的重要部件之一，使用时将它挂在秤杆一端，可移动并达到平衡，当人们称物品时，就可从铊绳一侧的秤星上一目了然地看到所计量物体的重量了。古人说，秤砣与衡（秤杆）相佐，"所以称物平施，知轻重也"。古代还常用秤砣来比喻管理国家大事，如"天地之间有杆秤，那秤砣就是老百姓"。秤砣除了用于杆秤计量外，民间还多作吉祥物，起震慑等寓意作用。

◆ 国家博物馆馆藏的秦始皇二十六年诏瓜棱铜权
　　高3.1厘米、底径4.3厘米，重252克。铜权半圆形，圆顶上有鼻纽、四平底，底部有校正重量的刮痕，权身有14道瓜棱，这种有瓜棱的秦权造型独特，是研究秦代度量衡制度的珍贵资料。秦代1斤约合今256.25克，故此权为1斤权

◆ 旧时，刻有湖北粮食公司，4号市秤的方锥形铜秤砣

◆ 古代，刻有辛巳年陈发需置的圆锥形铜秤砣

◆ 古代，大德年造，扁长方形铜秤砣

◆ 古代，三分之二圆锥形的铁秤砣（萧山民间杆秤陈列馆馆藏）

古时秤砣有代表权的意思，并把秤砣视之为"权"，即政权的"权"，则"权"就是校对秤砣，亦即标准的秤砣了，按规定秤砣应称呼为砝码，是法律的意思，是神圣不可侵犯的。秦代"法度量"，要一年一校，国家颁发标准衡器，每年严加鉴验，以保证重量绝对准确，在领取或借用秤砣时，要当面校准，不得有丝毫差错。汉代叫秤砣为纍（累），民间呼之为"公道老儿"。《汉书》说："权者，铢、两、斤、钧、石也。"也就是称重量的器物，名曰衡器，衡为杆，权为铊。"权衡"这个名称就是这样引申出来的。唐代专设监校官，衡器经校验后加盖钤印方准使用。明代由其司马领市司负责校正衡器。清代李光庭在《乡言解颐》卷四中说道："'市肆谓砝码为招财童子，谓秤锤为公道老儿'，权衡取其平，平者乃公道之谓也。"唐宋元明清各朝代都设有度量衡的管理制度，并明令规定秤砣不准私造。

我国最早的权是秦权和楚权，秦权则发展为今天的砝码。秦代为统一全国衡制，秦权均由官府颁发，包括战国时的秦权和秦统一后加刻诏书重新颁发的战国秦权。秦权均刻有秦始皇诏书和秦二世的诏书。秦始皇诏书共40字，原文为："廿六年，皇帝尽并兼天下诸侯，黔首大安，立号为皇帝，乃诏丞相状、绾，法度量，则不壹，歉疑者，皆明壹之。"大意是：秦始皇二十六年（公元前221年）统一天下，百姓安宁，定立了皇帝称号，下诏书于丞相隗状、王绾，把不一致的度量衡制度都明确地统一起来。秦二世诏书共60字，原文为："元年，制诏丞相斯，去疾，法度量，尽始皇帝为之，皆有刻辞焉。今袭号，而刻辞不称始皇帝，其于久元也，如后嗣为之者，不称成功盛德，刻此诏，故刻左，使勿疑。"其大意是：秦二世元年（公元前209年），下诏左丞相李斯、右丞相冯去疾说，统一度量衡是始皇帝制，后嗣只是继续实行，不敢自称有功德。现在把这个诏书刻左边，使不致有疑惑。二世诏书清楚地记载了秦始皇统一度量衡制的经过，并用法律的形式规定下来。

秦权多为铜质，少数为铁制，偶为陶制等。有1斤、5斤、8斤、16斤、20斤、24斤、30斤和1石权8种。陕西省各地出土的43只秦权，其自身重量可分为：半斤权、斤权、钧权和石权。古时各朝代的古权材质有金、银、铜、铁、铅、陶、瓷、石、玉等。

目前国家博物馆馆藏的秦代两诏钧的252克馒头形铜秤砣，以及北京税务博物馆馆藏的两只秦代馒头形铅秤砣，是秦统一中国以后国家度量衡的标准器物，作为重量衡器的标准，均具有极高的历史价值。

几千年来，因为秤砣不易锈蚀损坏，所以民间存世的较多。而铁秤砣深潜在平民百姓的家中，周身布满沧桑岁月摩挲的痕迹，夹裹着中国器具的权衡史，见证了千百来中国社会的更迭与兴衰，铭刻着冶铁、铸造、雕塑艺术的精髓。

旧时的秤砣形状千奇百怪，多姿多彩，常见的有馒头形、瓜棱形、圆球形、束腰形、扁圆形、环形、塔形、方形、锤形、兽形等，以圆锥形居多。南北朝时期至清末的秤砣，不同年

◆ 古代，用铁环连接的圆柱形、重11市斤的石秤砣

◆ 古代，2.5市斤，用铁条环连接的球形卵石秤砣

◆ 古代，刻有癸丑艺术性圆锥形的石秤砣和可抓住练武式的圆石秤砣

◆ 古代，方形、扁方形、圆锥形、长圆形、有长1～10厘米刻度，可作尺计算的六角形的铜秤砣

◆ 古代，岩石凿成的10.4市斤的秤砣，用铁丝连接的7两卵石秤砣

◆ 古代，馒头形、重8市斤的石秤砣，12市斤的石秤砣和扁方形、重10市斤的石秤砣

◆ 古代，圆形、有花纹重13市斤的石秤砣、菱形、重5市斤的石秤砣，圆形、重15市斤的石秤砣

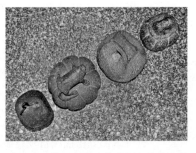

◆ 古代，铁环小秤砣和动物造型的石秤砣及扁圆形、椭圆形石秤砣

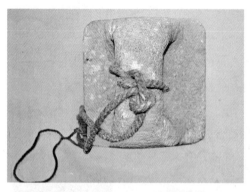

◆ 清末方石秤砣，重36市斤，可用于2000市斤的杆　◆ 民国时期，圆形石秤砣，可用于300～500市斤的木
　秤(萧山民间杆秤陈列馆馆藏)　　　　　　　　　　　杆秤(萧山民间杆秤陈列馆馆藏)

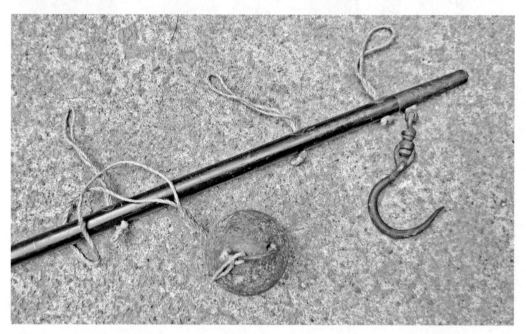

◆ 古代，用铁丝连接的馒头式石秤砣

代、不同地域，铸造工艺迥异。在使用杆秤计量时，只要相同称量的秤砣都可相互换用，不会影响称量。而铜秤砣因材质价高，且制作较为复杂，产量少，主要用于工艺木杆秤和戥秤。

　　隋、唐、宋三朝真正流传下来的、被录入《中国古代度量衡图集》的秤砣寥寥无几。明清以来，因木杆秤普及使用，秤砣需求量增大，官方生产的秤砣难以满足市场需要，故这时期的秤砣大部分由民间自发铸造刻制。这时期的秤砣大部分较为粗糙，也没有铸刻铭文。由于多数秤砣为铜、铁、石制成，细小且易保存，故目前国内传世和出土的古代秤砣多达万只，且多数收藏在各级国家博物馆中。秤砣也是考证和研究历史、政治、经济、文化、计量的珍贵史物，

◆ 古代，圆锥形铁秤砣

◆ 古代，铸有"二百斤"字的六角锥形铁秤砣和葫芦形小铁秤砣

◆ 古代，圆锥形铁秤砣和方锥形铜秤砣

◆ 清末，铸有秤字的铁秤砣(萧山民间杆秤陈列馆馆藏)

◆ 清末，葫芦形铁秤砣可用于300市斤的木杆秤(萧山民间杆秤陈列馆馆藏)

◆ 古代，长方塔形的青铜秤砣

还具有艺术鉴赏价值，因其历史悠久、文化底蕴深厚，可以佐证我国古代度量衡的发展史。

按照国家检定规程的要求，现今的秤砣一律名为定量砣。秤砣的重量包括秤砣本体、铊绳、铊环、油漆及铊内填充物等。铊绳的长短根据杆秤计量大小长度的情况，由秤工酌情确定。

20 世纪中叶前，我国政府职能

◆ 古代，1.7市斤的长扁方形锡秤砣和1市斤的马蹄形青铜秤砣

◆ 宋末，2市斤的兔形铁秤砣(萧山民间杆
   秤陈列馆馆藏，高德根摄)

◆ 元代铜权，正面刻有"延禧六年"
   (1319年) 四个字，高7.8厘米，重
   495克，上部设穿绳圆孔，中部为六边
   形，权座略大，宽6厘米，呈宝塔六边
   形 (永康市博物馆馆藏)

部门尚未将木杆秤的秤砣列入议事日程，也无明文规定其品种与形状。而在民间制作秤砣，多为原始的粗放式，随意性较大。但过去也有若干制作精细的铜、铁、石秤砣。

旧时民间制作铁秤砣，一般都是秤工自制模型，然后请铸铁作坊制造，式样五花八门，因此比较简陋粗糙，只要达到原定的重量即可使用了。若制作二三十斤小秤的石秤砣，秤工只要从溪涧上拾只鹅卵石，用线袜兜起扎紧，符合要求的重量，系好麻绳就可以了。如果要用百斤以上杆秤的石秤砣，皆由石匠选用优质岩石打凿成馒头形，砣上方需打凿成可系绳索的连接环扣，并将秤砣断面凿出权、衡、万、树等字样。也有用鹅卵石或岩石打成圆锥形的，再用锥子钻个洞孔，以铁环纽埋入其中，用盐水敷之，数日后即可锈蚀，或用桐油石灰粘住，木梢打紧实，则可牢牢固定了。这种石秤砣既经济又实用，是古代民间秤工常用的最简单方法。

古代的铸铁秤砣多为塔式圆柱形，也有塔式匾长方形和葫芦形等。而铜秤砣因其价格大大高于同类铸铁秤砣，因此主要是国家或大商贾匹配于重要的木杆秤。其秤砣式样有方形、梯形、扁圆形等，多用于戥秤。现今的铜秤砣多为收藏者特制的工艺木杆秤所配套。

现今的铸铁秤砣有塔式圆锥柱形和塔式匾锥长方体两大类，若干规格。一般钩秤使用圆锥柱形秤砣，不用时把砣绳套在秤纽上即可。而20市斤以下的盘秤均需用匾长方塔式秤砣，不用时可平稳地将它放在秤盘上，既可竖立又能横放，且方便不会滚动。

20 世纪 80 年代，国家计量局正式颁布了定量铊的式样和质量的标准，并指出秤砣一般由计量部门定点工厂生产。不同重量的杆秤，需选用不同型号的配套秤砣。如 300 市斤的木杆秤，需铊重 4.5 千克；250 市斤的木杆秤，铊重 3.75 千克；100 市斤的木杆秤，铊重 2.5 千克；20 市斤的木杆秤，铊重 500 克。诸如此类都有严格规定，制作木杆秤时必须按照有关规定选用标准秤砣。

制作秤砣应标明铊重和称量，如 20 市斤的秤需铸有称量 20 斤、铊重 500 克（或者铊重与称量之比 5∶100）的字样。秤砣表面应光洁、无气孔和毛刺。铸铁或钢材制造的秤砣需作防锈处理。秤砣中间应有一个调整腔（戥秤的秤砣可不做调整腔），腔口应用铜合金或铝合金作塞子塞紧固定，若以锡或铅作塞子则表面不能高出铊面，也不能低于铊面 3 毫米，应做到平整恰到好处。

制作铸铁秤砣前，首先要制成大小不同的铝合金秤砣的模型，在模型上刻上铊重与称量。如最大称量 10 市斤的杆秤，即秤砣标有铊重 400 克（8 两），称量 5 千克（10 市斤）的字样。且需事先用海砂、陶土、红煤粉、混合配制成造型砂，备好各种可活动拆卸的模具木箱。开始制作铸铁秤砣时，先将秤砣模型固定在箱板上，置于木箱中，并撒一层石灰粉，倒入造型砂，随之捣紧实平整，然后将它翻转，揭去秤砣模型板，即制成二分之一的铸铁模了。接着以同样方法制作另一块，加工好后移至合拼于先前制成的模型上，拆卸上、下活动墙板，即完成

◆ 用于熔化生铁铸造秤砣的石灰石、修理熔铁炉的黄泥和海沙

◆ 铸造秤砣的生铁

◆ 各种铸造铁秤砣的活动翻砂木箱

◆ 简陋的铸造作坊和生铁

◆ 建在山边简陋的铸造工棚和熔铁焦炭

4 只可铸造的铊模了。经反复制作若干后，让其自然干燥。铸造生铁秤砣前，要检查并修整好熔铁炉、铸铁勺子等相关的工具。当全部工作准备好后，点燃熔铁炉，将生铁投入炉里，以鼓风机助燃，约 1200℃熔化成铁水，并用长柄铁勺将铁水逐一铸入造型砂的铊模中，当全部铊模浇铸完成后，等待冷却，从造型砂中取出铊毛坯，过后将连接毛坯的输铁纽敲断，集堆在一起，待来日把残留在铸铁铊表面的细砂铊坯，投进清砂机中滚动摩擦清除掉造型砂，使之光洁。在适当时候再用砂轮打磨去掉铊坯的毛刺，放在台钻上钻小调整腔孔，并嵌入金属塞片，经检验合格后，涂刷一层黑漆，即成为一只铸铁秤砣了。

◆ 固定在木板上的 2500g 下半铝合金秤砣模型

◆ 放上活动木箱后，撒一层石灰粉

◆ 将造型砂倒入模具活动木箱中

◆ 已制作好下部秤砣模型

◆ 制作上部秤砣模型，秤砣底部中心连接处的浇铸铁水洞孔，需用圆锥木，制好后拔出

◆ 用纸盖住铸铁水洞孔，以防异物进入，并将制作好的上部模具扣在下模子上，然后拆开活动木箱框

◆ 每次熔铁水后，需拆开熔铁炉，并用黄泥修理炉心

◆ 熔铁水后，待修理的永康熔炼铁炉

◆ 熔铁水后，待修理的出铁渣滓沟槽

◆ 先用黄泥涂抹，随之再糊以石墨修理铸铁水勺

◆ 修理好的流铁渣滓沟槽

◆ 置于手拉车上修理好的坩埚

◆ 修理好的铸铁水勺

◆ 工人将生铁投入熔铁炉中

◆ 以杠杆压力歪斜，把熔铁炉中的铁水注入盛器

◆ 熔铁炉冒出火焰

◆ 两人在工棚内浇铸秤砣

◆ 白天浇铸秤砣

◆ 夜间熔铁炉在熔化生铁

◆ 夜间浇铸秤砣

◆ 每次熔铁水后，需从熔铁炉背面下方的沟槽中排放
　出铁渣滓

◆ 将铸铁秤砣毛坯铲入清沙机的铁箱

◆ 从造型砂中取出的铁秤砣毛坯

◆ 将铸铁秤砣毛坯，投入滚动清沙机中

◆ 投入清沙机中的铸铁秤砣毛坯

◆ 从清沙机中倾倒出清好的秤砣，并将混杂其中的不
   同铸件挑选出来

◆ 用铁铲将清理好的铸铁秤砣堆积在一起

◆ 已清理好的铸铁秤砣

◆ 将铸铁秤砣固定在木柄上，置于砂轮机下，把底部
   打磨平整

◆ 用台钻将铸铁秤砣中部钻出小塞孔

◆ 将小圆铝片塞入铁秤砣的孔中，并用锤敲入

◆ 用沥青涂刷铸铁秤砣

◆ 已制作好的各种规格塔式圆铁秤砣

◆ 已制作好的塔式铁秤砣

◆ 涂刷好的100克与250克的塔式铁秤砣

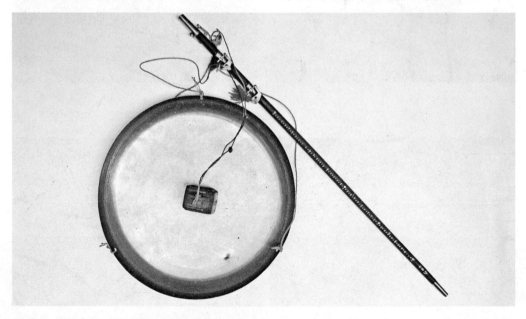

◆ 现代，秤盘中竖立的塔式铸铁秤砣

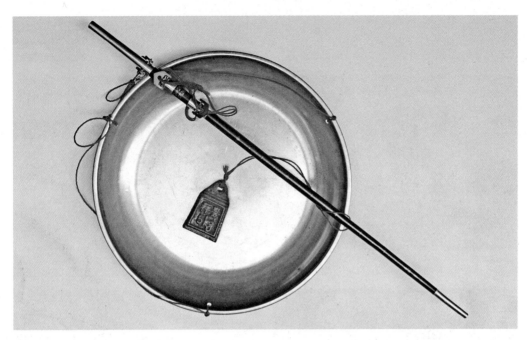

◆ 现代，秤盘中横卧塔式铸铁秤砣

　　制造铜秤砣，其工艺有别于制作铸铁秤砣，需用红砂作为造型砂，用铁秤砣作模型，每次只能浇铸一只大秤砣。铸造铜秤砣时，先将整只铁秤砣模型直竖立在活动木板框中，随之铲入红砂，用方木敲打紧实，制作好后倒翻过来仍平放在原处，并用磁铁从造型砂中吸出铁秤砣的模型。然后再次将活动木板框小心地扣在已制作好的秤砣造型箱上，左手持小圆木并连接下部铁秤砣模型的边缘，右手将红砂倒入木板框中，再以方木将红砂敲打平整、紧实，随即拔出小木棍，留下铸铜水的洞口，即制成一只模型了。与此同时将黄铜投入熔炉的坩埚中，当熔炉内温度达到 900℃左右即熔化成为铜水，随即用铁钳夹出熔化铜水的坩埚，将铜水铸入造型砂的模型中，等待片刻，即可拆开活动木板框，用铁棍去除造型砂，即成为一只铜秤砣的粗坯了，然后经清砂、锉平整、车圆、抛光、钻绳孔等工序，即制成成品的铜秤砣了。

◆ 制作铜秤砣，需先将铁秤砣的模型放在活动木箱中心，并铲入红砂

◆ 再次将红砂倾在木框中

◆ 两手将木框周围的红砂堵实

◆ 将制作好的下模型，倒翻过来平放在原处，并用磁
铁吸出铁秤砣模子

◆ 用方木将红砂敲打平实

◆ 取出铁模型后，发现模型缺陷，须用铁片进行修理

◆ 放入铸铜水的木模并撒一层细海砂

◆ 将锥形的小圆木立于木模的边缘

◆ 左手持小圆木并连接下部铁秤砣模子的边缘，右手
将红砂倒入木框中

◆ 将活动木框放在先前已制作好的模型上

◆ 首先用竖方木堵实红砂

◆ 再用横方木将木框中的红砂，敲打紧实平整，即制
成一只模型了

◆ 将黄铜投入熔炉的小坩埚中

◆ 再次将红砂倒入木框中

◆ 用铁钳夹出熔炉中通红的坩埚

◆ 首次将铜水铸入模型口中

◆ 剩余的铜水可再次浇铸

◆ 将最后的铜水浇铸在第三只模型的洞孔中

◆ 将浇铸好的模型活动木板框拆开

◆ 开始用铁铲撬开模型红砂

◆ 开始取出秤砣

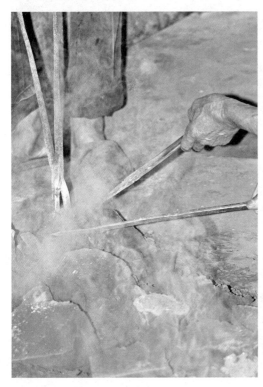

◆ 即将从造型砂中取出秤砣

◆ 两人用铁钳夹住刚铸好的秤砣

◆ 从造型砂中，取出通红的铜秤砣

◆ 浇铸好的铜秤砣粗坯

◆ 车光铜秤砣底部

◆ 左手执铜秤砣，右手下摁台钻钻绳孔

　　往昔制作戥秤的小铜秤砣，需事先用铜块刻凿好模具，用铜水浇铸而成砣坯，经锉平整，钻系线孔即可。现今多采用各种大小尺寸的黄铜棒，根据制作戥秤大小将其裁断，然后置于微型车床上，车成圆锥形，经钻砣线孔、抛光等工序，即制成一只铜秤砣了。

　　永康市的乡镇，有众多铸造秤砣的工厂，很多是"三无企业"，多为家庭作坊，生产规模小，厂房简陋，设备落后，无环保设施，粉尘飞扬，环境污染比较严重，卫生、安全防护不够，浇铸时有发生灼伤事故的隐患。在生产过程中产生粉尘、废气等污染物，还可能有发生重

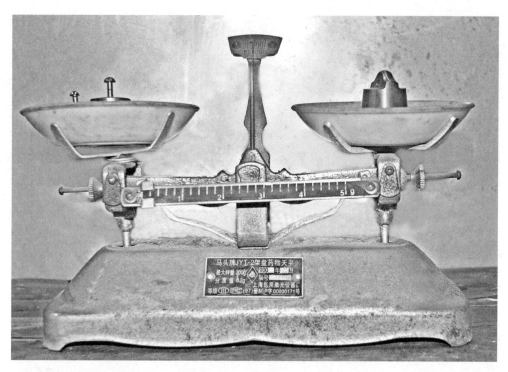

◆ 用小天平检验50克的铜秤砣

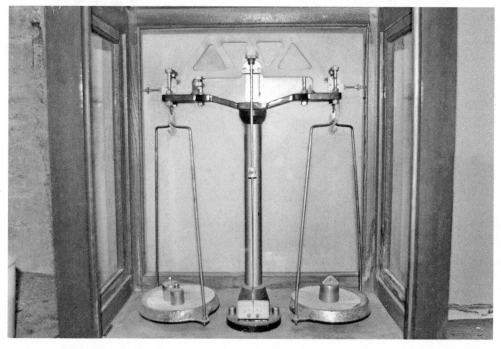

◆ 用工业天平检验100克的铜秤砣

◆ 现代，与60市斤的木杆秤相配的铜秤砣 ◆ 现代，重32市斤的铜秤砣，用于1000市斤的木杆秤

◆ 现代，分别为32市斤、20市斤、16市斤、9市斤、7市斤、6市斤、5市斤、4市斤、0.5市斤、0.16市斤的成品
　铜秤砣

◆ 现代，50 市斤、实心的葫芦铜秤砣　◆ 现代，50 市斤雕刻有"如意"和花纹的空心葫芦铜秤砣　◆ 现代，千斤龙凤秤的 32 市斤花梨木方形秤砣（萧山民间杆秤陈列馆馆藏、高德根摄）

金属污染事故的潜在危险，其模式一直饱受诟病。21 世纪初，生产工艺流程全凭手工操作，劳动强度大，严重影响工人身体健康，且资源消耗大，产品附加值低。基于此情况，永康市市政府于 2014 年 8 月出台了《铸造行业整治提升方案》，全面开展铸造行业环境整治，至 2015 年 6 月，即关停转产了 276 家乡镇铸造企业，取缔冲天炉 305 台，淘汰落后生产设备、生产线 700 多套，推行中频电炉和先进的消失模代替传统翻砂工艺。这个举措亦限制了杆秤主要配件的生产，进一步加速了杆秤退出市场。

◆ 现代，竖立在永康市行政中心公园的浇铸铁秤砣雕像

八、制作杆秤工艺

古往今来，民间制作木杆秤属于"百工之首"，是关系国计民生的特殊行业，并要接受各级政府职能部门的指导和监督。国家对杆秤的质量要求十分严格，钉秤匠需经县级质监部门考试合格，各项技术指数均要符合国家颁发的有关规定，方可单独上岗制作，同时还必须恪守公平、公正、诚实守信的原则，不因操作失误或人为因素而让杆秤短斤少两。

古代民间木杆秤的秤纽，长期停留在自制的单一麻绳秤纽，后来方有铁秤纽，只有少数是铜秤纽。旧时民间杆秤的秤砣多数采用鹅卵石或岩石等其他材料制成，仅有为数不多的铁秤砣，这些秤均较为粗糙、简易，现今只有去秤文化博物馆方可觅到它的踪影了。随着社会不断发展，时下民间制作木杆秤均用铁秤钩、铁秤砣和铜秤纽，铜丝或铝丝钉秤星，质量好且美观，与往昔大不相同了。

制作传统木杆秤是项综合性的手工技艺，20世纪中叶前，因为我国金属材料匮乏，科技相对比较落后，所以民间制作木杆秤亦比较简单。有些秤工为了省时、省料，钉秤星还采用水银与锡溶解成的粉末调和成汞（水银）合金，用手指将它涂抹于秤杆的星孔中，即成明亮的星点，但也致使有些工匠后半生双手变形，身患慢性汞中毒。

制作木杆秤的多为男性个体户，具有一定文化水平，掌握一些物理和数学知识，方可得心应手地计算杆秤上的秤钩与秤纽的位置及其斤两的秤星等。制作杆秤是项精细的手工艺，每道工序还必须环环相扣，且要一丝不苟，如稍有不慎，就会造成计量偏差，导致"错之毫厘，差之千里"的严重后果。因此，每当秤工制作好杆秤，还需经有关部门检验合格，方可出售并投入使用。

制钉木杆秤，首先是将刨好的秤杆头尾安装好铜套管及其秤钩、秤纽，在秤杆上计算并划出斤、两的位置，并用分规，俗称弓步，晰出分度量值，钻、钉两与斤的秤星，再经打磨着色等80多道工序，方做成一支木杆秤。其详细制作程序如下：

杆秤中的钩秤和盘秤的支点、重点均为刀纽，在同一秤杆上的支点、重点之和不能多于三个，外刀式秤纽两个支点在相同方向，进行称量时，其支点刀架应倒向点方向。

制作木杆秤前，需事先自制杆秤的铜套管与铜垫片。制作铜套管：先用量具测量秤杆两头的直径大小，然后根据所需的尺寸，取黄铜皮于桌子上，用直尺计算好秤杆头、尾所需铜皮的长宽，随之用锥子将铜皮划出锥度，并按划痕修剪，锤打平整，于镀锌管上用力渐渐弯曲成

◆ 用锥子将黄铜皮划成制出大杆秤的秤头、秤尾大长管的所需宽度

◆ 用直尺压住铜皮，仍以锥子划出锥度

◆ 用剪刀按铜皮的划痕修剪

◆ 将铜套置于镀锌管上用手捻转成锥管

◆ 将铜皮渐渐弯曲成管子

◆ 首次用方木捶打铜管边缘

◆ 再次捶打另一边的铜管边缘

◆ 将铜管捶打平整，慢慢合拢

◆ 将要捶打好的铜管

◆ 已经合缝的铜管

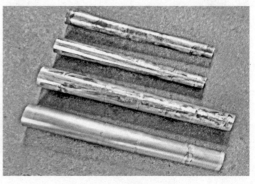

◆ 制作好的 800 市斤的秤杆头尾铜管

管状的雏形，再以方木捶打成秤头与秤尾的铜套管粗坯。制作铜垫片：按照该木杆秤所需的秤纽大小，先把黄铜皮裁剪成方形或长方形的铜片，并经多次慢慢剪成梅花形，相继锉光铜片边缘，然后于镀锌管或木棍上，锤打成 U 形的弧度备用。

◆ 将黄铜皮剪成方形，制作保护大秤杆的垫片

◆ 从铜皮四周中间开始，用剪刀剪成小缝隙

◆ 随之剪成锯齿形

◆ 再慢慢剪成梅花形

◆ 剪好的方形大秤纽铜垫片

◆ 剪菱形的大杆秤艺术铜垫片

◆ 将铜片捶打平整

◆ 将菱形的铜垫片边缘锉光

◆ 将铜垫片置于镀锌管上捶打成弧形

◆ 将要捶打好的铜垫片

  在开始安装秤钩、秤纽和铜套管前，若200市斤以上杆秤，须两人用墨斗先在秤杆上弹一条定秤钩、秤纽与星位的纵向直线，斤两的分度基准线，即钉秤星的中心线，随之在秤杆背第一纽的直角处，即第二纽（面前）再以同样方法弹成一条平行的直线，作为斤两钉秤星的中心线。一般100市斤以下的木杆秤，只要用方便的墨线钻（现多用铅笔）代替墨斗，按上述方法操作，可既方便又快速地分别划出两道钉秤星的直线，这是安装秤钩、秤纽和钉秤星位置的重要工作之一。

◆ 用墨线钻画秤杆的直线

◆ 用铅笔画秤杆的直线

◆ 在秤背上和面前90度处，用墨斗弹成各一条直线

◆ 手持墨斗线，松开即成一条直线了

为了保护秤杆，安装秤钩或秤纽前，需把事先制作好的铜套管，套在秤杆两端。开始安装铜套管时，先将该秤杆的头尾圆周锯去一丝，并要视铜套管的长短、厚度，再用木工锉锉去以

◆ 将大秤杆头部用木工锉锉去一丝，方可安装铜套

◆ 将要焊接好的铜套

◆ 将铜管口剪平整

◆ 用传统铬铁焊铜套管

◆ 将铜套粗坯套入秤杆前端

◆ 将焊接好的铜套与秤杆插紧

◆ 用方木将焊接的锡缝敲打平整

◆ 再用小锯锯去与铜套连接处不规则的秤杆
圆周

◆ 将铜套与秤杆连接处，用方木敲打合拢

◆ 将铜套根处用钻子钻小洞孔

◆ 插入小铜钉

◆ 将铜套尾部与秤杆对接处，用小铜钉固定
在一起

◆ 再次将铜套前端与秤杆头部，用铁钻敲打
小洞孔

◆ 将头尖的小铜钉敲实

◆ 将铜套前端剪平整

◆ 用锥子将秤杆端头中心处，锥出小眼孔

◆ 将铜铆钉插入秤杆端头的小眼孔

◆ 将铜铆钉敲紧实

◆ 将铜套管端头卷边与铜铆钉合拢

◆ 再次用小锤将铜套与铜铆钉敲打紧实

◆ 铜套与铜铆钉之间将要合拢好了

◆ 用锡焊牢铜铆钉与铜套

◆ 将要焊好的铜铆钉与铜套

◆ 将铜铆钉与铜套连接处的焊锡锉光滑

与铜套管相配套，随后再把备好的铜管套套入秤杆的头部，达到恰好蓬道合拢与秤杆大小一致，并用焊锡将铜套管蓬道焊接牢固，然后将顶端铜管剪平，再用榔头敲打弯曲于杆头的边缘，使之平整。若是300市斤以上的工艺木杆秤，除上述工序外，在剪平铜套管前端还需嵌入铜铆钉封闭固定，并用小锤锤打至紧扣铜铆钉边缘，用焊锡焊牢铜铆钉，再以小铜钉固定该管两头，最后稍作锉光打磨，即制成木杆秤的前端铜套管了。尾端的铜套管如法炮制，只不过略为短小而已，这样既防杆秤磨损，且又美观。

安装秤杆上的铜垫片与秤纽，先用直尺或自制的计算器，画出秤杆上的秤纽位置，钻出相应的洞孔，再将先前制作的铜垫片覆于秤纽处并钻出洞孔，并把秤纽的中心铁棒穿过该垫片并卡住秤杆，然后将它铆紧固定，稍微打磨，即制成一只秤纽了，紧接着照前技法继续安装第二只秤纽。如制作300市斤以上的较大木杆秤就较复杂，首先要把秤杆的秤纽正中处钻通，并

◆ 用木工钻钻出安装秤钩、秤纽的洞孔

◆ 将秤纽铜垫片包于秤杆上并捶打成弧形

◆ 安装大杆秤秤钩、秤纽的圆孔还需用凿凿成方形

◆ 将首只秤纽铜垫片镶入秤杆中

◆ 将要镶好两只铜垫片

◆ 用锥子对准秤纽铜垫片契合处

◆ 将秤纽铜垫片与秤杆用小锥钻出小眼孔

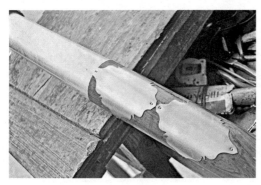

◆ 镶嵌在秤杆上的两只铜垫片

◆ 将铜垫片凿出"十"字形洞孔

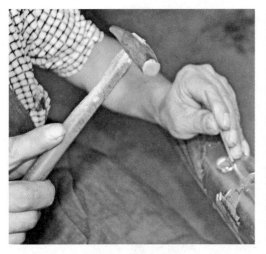

◆ 将铜垫片凿成长方形缺口

◆ 已凿出长方形洞孔的垫片

◆ 将铜垫片锯出沟缝

◆ 将铜垫片凿出"十"字形洞孔

◆ 装钉铜轿扛二纽

◆ 秤纽螺丝通过秤杆背面，放上一只铜垫片

◆ 用活动扳手将轿扛二纽的底部螺帽拧紧

◆ 将穿过秤杆的多余秤纽螺丝锯掉

◆ 将螺丝的圆周捶打固定在铜垫片上

◆ 把固定螺丝锉平整

◆ 安装二纽后，开始安装一纽

◆ 已全部安装好的两只轿扛铜纽

◆ 安装连接秤钩的铜下翻

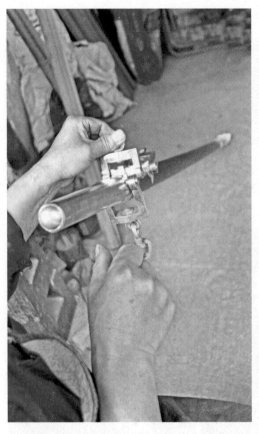

◆ 手持秤钩的下翻与秤纽，看是否正直

◆ 两只铜秤纽安装后，还要再看是否齐直

◆ 已安装好秤纽和秤钩的 1000 市斤木杆秤的粗坯

经锯、凿，细心地多次修整成小沟槽，再将铜垫片嵌合在秤杆的秤纽上方洞孔中心处，铜垫片四周用小铜钉固定，在两只铜垫片上又要凿开与之适应的洞孔，再装配两只铜秤纽，而后把秤纽底部的螺丝穿过秤杆，用活动扳手拧紧螺帽，再用钢锯锯掉多余的螺丝，随即把螺丝锉平整，最后将螺丝与螺帽之间敲打紧实，秤纽即可牢牢地固定在秤杆上了。这样可避免在使用时金属秤纽碰撞磨损秤杆。

　　确定钩秤与盘秤的零点，把秤砣挂在秤杆上，达到秤杆平衡，此点就是定星起点，是杆秤的第一颗星，叫定盘星。零点可以在支点的左右侧，但不能钉在支点相同的位置上，这样无法核对。为识别称量的星点，在星点首末，中间整数处应钉明显标志斤两的大写中文数字。

　　若是制作 20 市斤的杆秤，首先将该秤的秤砣挂在秤杆上，并把它的第二纽系在挂钩上，当移动秤砣绳的悬点，达到秤杆正好平衡时，速用割刀划出印痕，即为首分度量，称量为 0，完成两的起始定位。随后将 1 市斤的砝码挂在秤钩上，继续移动秤砣绳，在秤杆平衡处划一直痕，即 1 市斤。随后再如前炮制，分次增加 2～5 市斤的砝码，即可逐渐从 2～4 市斤，直至秤尾可达到最大称量为 5 市斤的划痕为止。过后换成第一纽仍系在挂钩上，首分度量为 5 市斤，秤钩上先后分别挂上 6～20 市斤的砝码（亦可用同等重量的秤砣代替），逐步分次分别划出 6 市斤至最大称量为 20 市斤的印痕。继后将划好称量的秤杆，手握分规先从第二纽的斤两之间，一次次点标出 0.5 两、1 两、2 两、半市斤、1 市斤，直至 5 市斤间隔的最小分度值。最后换成第一纽，在首分度量为 5 市斤的基础上，再如前一样，最小分度值 2 两，直至杆秤末尾最大称量达 20 市斤为止。

◆ 用自制秤纽计算器，划出 30 市斤的秤钩、秤纽位置　◆ 用手车钻钻秤钩和秤纽的洞孔

◆ 锉光安装秤钩、秤纽的洞孔

◆ 将未钉秤星的杆秤加上相应的秤砣吊在挂　◆ 凿安装秤钩、秤纽的圆洞孔
　秤钩上使之平衡

◆ 左手紧握秤杆，右手持手工钻钻秤星洞孔

◆ 首次用割刀划定两的秤星的位置

◆ 首次挂上小砝码，移动秤砣

◆ 再次用割刀划出斤两的位置，随后的工序与制作
大秤如出一辙

◆ 用手车钻钻中号秤星洞孔

◆ 车好秤星洞孔后，手持割刀，用铜丝钉秤星

◆ 再次用中细磨石于盆上沾水摩擦光亮

◆ 最后仍于水盆上，用细磨石摩擦光滑

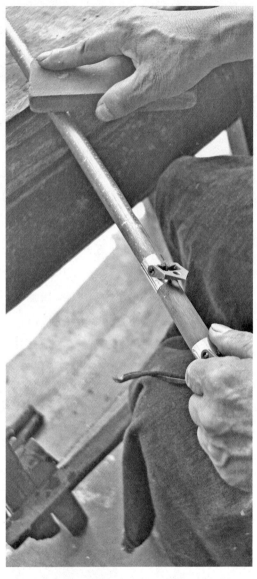

◆ 制钉好的杆秤秤星，首次用油石将秤星打磨平整

◆ 将要制成的杆秤，用绿茶涂刷上色

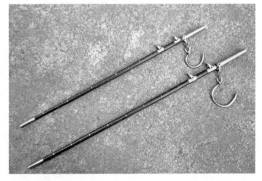

◆ 制作好的 20 市斤、30 市斤的木杆秤

制作 300 市斤的杆秤，同上述方法先将空秤的第二纽系在挂钩上，并把相应的校钩挂在秤钩上，第二纽以 15 市斤作为零点，开始以 0.5 市斤为单位，并先后增加至 70 市斤的砝码，则第二纽末尾为 70 市斤；第一纽从 70 市斤开始，以市斤为单位，逐渐增至 300 市斤的砝码，至秤尾则为 300 市斤。其他做法类同上述 20 市斤秤的程序。

制作杆秤的斤两分距不甚一致，有大小之别。如 1000 市斤的杆秤，同样挂上校钩的砝码，以第二纽的 10 市斤为起点，每格 5.5 厘米，先后逐步增加砝码的重量，需用割刀划出 27 次印痕，达到秤尾 300 市斤。第一纽以 300 市斤为起点，每格 21 厘米，同样先后逐步增加砝码的重量，再用割刀划出 7 次印痕，

◆ 制作 1000 市斤的木杆秤，首次挂上小砝码

◆ 制作 1000 市斤的木杆秤，当杆秤平衡后，首次用割刀划出 80 市斤的斤两位置

◆ 再次在面前的二纽、秤砣绳平衡处，用割刀划出斤两的星点

◆ 最后需反复多次将25千克的砝码挂在秤钩上，另
　一人移动铊绳

◆ 将秤铊移至秤尾

◆ 挂砝码后，秤铊移至秤杆末尾，看是否平衡

◆ 最后在秤杆末尾的秤铊绳平衡处，用割刀划出
　300市斤的位置

◆ 随后换成一纽，将秤砣移至秤背 300 市斤处

◆ 看是否平衡

◆ 首次在一纽的 300 市斤处，用割刀划出钉星点

◆ 再次增加砝码，并将秤砣移至秤杆的三分之二处，看是否平衡

◆ 在秤砣绳顶端划一道钉秤星的痕迹

◆ 在二组面前，开始用中弓步晰出斤两的位置

◆ 千市斤秤杆长2.53米，粗6.6厘米，在二组面前，首次用大弓步晰出斤的位置

◆ 用大弓步晰至二组秤尾

◆ 用中弓步晰至秤杆的中部

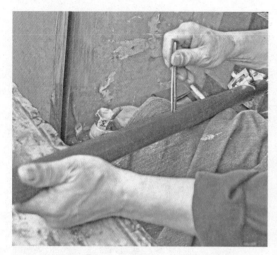

◆ 在二组面前，最后用小弓步晰出斤两的位置

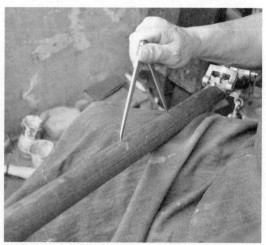

◆ 当晰好二组的斤后，开始从一组秤杆背上首次用大弓步，晰出百、千市斤的位置

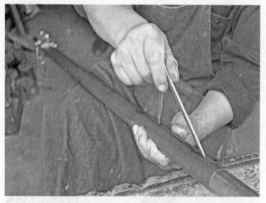

◆ 用大弓步晰至一组秤尾

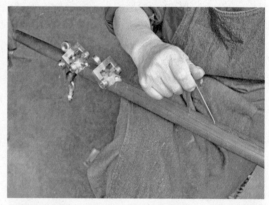

◆ 用中弓步晰至一组中部

◆ 最后用小弓步晰至一组的三分之二处

◆ 用圆珠笔点出百市斤、十市、市斤的秤星印痕

最后至秤尾 1000 市斤。这是一个极为细致、精度要求很高的测定过程。

古代传统的杆秤一市斤是 16 两，有 16 个刻度，现今一市斤是 10 两，有 10 个刻度，每个刻度代表 1 两，每两都用一颗星来表示，叫做"秤星"。秤星的颜色必须是白色或黄色，这样不仅清晰、一目了然，还寓意用秤做生意的人，要心地纯洁，不能昧着良心。但也有少数奸商的杆秤看似一市斤为 16 两或 10 两，但实际是缺斤少两的。

制钉秤星时，工匠要在先前划出秤杆的第二纽与第一纽的印痕上，用大、中、小的分规，从头至尾多次晰点出该秤从小到大的斤、两点，直至完成全部最重的斤为止。在此基础上，视杆秤的情况，分别用 26 丝或 30 丝粗细的钻头，嵌入手车钻的下端，工匠再启动车钻，不偏不倚地在直线上，钻出部分秤星洞孔，即以左手的食、拇指将铜丝或铝丝扎入，右手拿割刀随之将其割断，经连续机械地重复制作若干后，适时用割刀背将钉好的秤星拍打紧实，做

◆ 专注地钻图像星点洞孔

◆ 钻星洞孔，靠两手腕和眼力

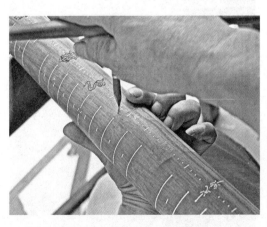

◆ 用手车钻钻十二生肖星点洞孔

◆ 手持割刀，用银丝钉图像

◆ 用刀背将钉好的图像中银丝敲紧实

◆ 钻制作金丝钉钻星的洞孔

◆ 在秤杆上，用复写纸复印图像的轮廓

◆ 钻人物图案洞孔

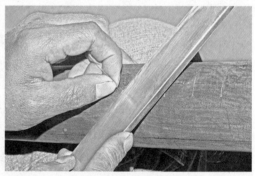

◆ 手持割刀，用金丝钉图案

◆ 用手工钻钻传统年历和人名

到密密的星点牢固明显清晰，所钉斤两或整体图像均匀。整个制作过程不仅要求秤工认真细致，而且要两手配合，协调轻重，不得有半点麻痹大意。此后继续如法炮制，直至完成制钉整支木杆秤斤两的秤星为止。制作时还需做到秤杆上的分度等分，相互平行垂直于秤杆中心轴线，不同称量的分度应有明显的区别。在同一秤杆上，相同的分度其星点式样必须前后一致，且星点应牢固，不易脱落，无差错，无遗漏。除零点外，两只纽的首、末分度与中间各主要分度，应用阿拉伯数字标明最大称量（百斤以上用大写中文），并标注公斤或市斤（现在用克和千克）。

秤星钉好后，在适当时节，先用粗磨石把凸出秤杆的秤星磨平整，再把秤杆放在木盆上，以细磨石或细水砂蘸水再次打磨光洁圆润，待干燥后根据不同秤杆的树材种及所需的颜色分别采用绿矾（硫酸亚铁）、机油、

◆ 钉好秤星后，现今多用先粗后细的砂纸将秤星擦拭光亮

◆ 往昔是用磨石将秤星摩擦光亮

◆ 用细磨石将钉好的秤星磨平

◆ 小叶紫檀的秤杆，需用绿矾、儿茶、石灰混合熬制而成的涂料，先刷千市斤秤杆头部

◆ 再涂刷秤纽下方

◆ 1000市斤的秤杆，已涂刷三分之一

◆ 开始从秤杆尾端刷至中部

◆ 将要涂刷好整支秤杆

◆ 待干燥后需用石灰糊涂刷红酸枝树秤杆

◆ 将要涂刷好的整支红酸枝树秤杆

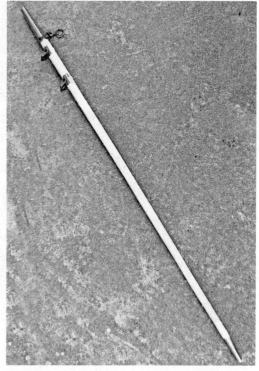

◆ 涂抹石灰糊的秤杆约半个小时，方可干燥

◆ 秤杆上的石灰糊干燥后，于盆上先清洗秤纽处

◆ 将要清洗干净的木杆秤

◆ 现代，永康市发明秤店制作的工艺术杆秤，两只轿扛铜纽、铜秤钩、铜秤砣，用银丝钉图像和秤星，最大称量1000市斤

石灰和儿茶等涂抹，干燥清洗干净，秤杆即变成黑色、棕色，亦有紫红色，秤星也显得格外耀眼。若是紫檀、楠木、红酸枝等材质秤杆，利用其自然的木质颜色，只需用蜂蜡涂抹使其光亮，无须施染着色。最后进行核对，经检验杆秤达到计量准确，各种零配件安装规范符合要求，方为合格。

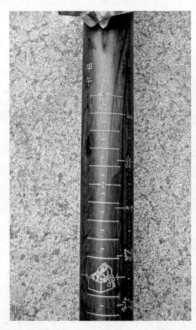

◆ 杆秤局部（一纽秤背300市斤起）

◆ 杆秤局部（一纽秤背至1000市斤止）

◆ 锉仿古麻绳纽秤杆的铜套头与尾

◆ 将紫铜管套入秤杆尾部

◆ 将麻绳穿过秤钩和秤纽的洞孔并结扣固定

◆ 用铅笔画图案

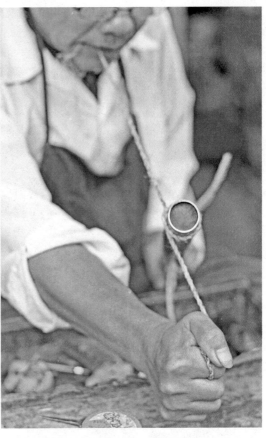

◆ 左手握紫铜套管，嘴咬麻绳，右手拉住麻绳另一端勒
　紧，方可焊接

◆ 手持割刀，用银丝钉秤星和人物图案

　　古时制作麻纽秤就比较简单，先用紫铜管套入秤杆头尾并焊接好，然后将秤杆前方用手车钻钻好秤钩与秤纽的位置洞孔，系上麻绳纽和麻绳的铁秤钩，其他工序与前者基本相同。

◆ 现代，长1.4米，粗3.2厘米，最大称量200市斤，仿古麻绳纽、麻绳铁钩的工艺术杆秤

总观古代遗存的最大称量木杆秤，只有五六百市斤，因此，现代制作的 800 市斤以上的大木杆秤，一般只作为工艺品以供收藏观赏，而无实用性。

现今制作收藏的 68 市斤、118 市斤、218 市斤、268 市斤、288 市斤、500 市斤、680 市斤、880 市斤、1000 市斤、1200 市斤、1500 市斤、1680 市斤、1888 市斤、2000 市斤、2560 市斤、3000 市斤等吉利偶数的工艺木杆秤，除按照先前的操作程序外，还要加钉中华传统文化的精美图像。民间这些木杆秤，大都风格迥异，工艺较为复杂且难度大，是一项细致的活计，工匠要有扎实的技术功底，制作时需专心致志，非资深匠师莫为。匠师钉秤星时，在第二纽的前面，于 10 市斤、20 市斤、30 市斤、50 市斤和第一纽背上的 50～100 市斤整数处，多数要留出图案的间隙，用银丝或金丝钉好整支的秤星之后，在间隙中从头至尾制钉吉祥人像或动物等图案，每支木杆秤工艺多达 80 道。有些大杆秤在二纽的左侧下方还要钉上与之相对应的年月、字号、姓氏及制作人名称等。

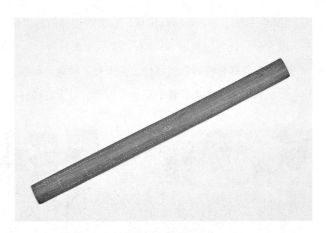

◆ 旧时，用滇锡和水银溶解粉末制作的竹市尺

◆ 旧时，木制市尺和长 35 厘的木制裁缝三元尺

◆ 现代，两只轿杠铜秤纽，铜秤钩，铜秤砣，百斤工艺木杆秤

　　1985～1987 年，新材料出现，有关职能部门与时俱进，对中国杆秤结构作了一次重大改革，国家星火计划研发出 30 市斤以下的金属杆秤。现今的铝合金杆秤，有些是由工厂制作好的铝合金电化红色或黑色的秤杆，并安装了秤钩与秤纽，也有铝合金的秤杆需秤工分别安装秤钩与秤纽的，共两大类，若干品种与规格。对于这种秤，起初秤工多用手工钻钻秤星，后渐渐

◆ 制作最大称量 30 市斤的电化红色铝合金杆秤，首次在二纽平衡处，用割刀划出首分度的两

◆ 挂上 1 市斤的砝码，移至秤杆平衡时划出 1 市斤的位置

◆ 在平衡处划出斤的位置

◆ 在原基础上再挂上 5 市斤的秤砣作砝码，并将秤砣移至秤杆末尾，即是 8 市斤

◆ 挂上 1 市斤和 2 市斤的砝码，在秤杆上划出 3 市斤的位置

改为用电钻钻秤星，制作效率高，标准化、通用化，实现了半机械化批量生产。铝合金杆秤的制作方法与木杆秤大同小异，比较简便易行，而且杆秤价廉物美，颇受群众欢迎，亦解决了木质秤杆的计量准确度受地区及天气影响的弊端。近年来，为方便小商贩售货时计量，永康市

◆ 在秤杆末的秤砣绳处，划出 8 市斤的位置

◆ 转换一组、仍挂上 1 市斤和 2 市斤的砝码和 5 市斤的秤砣使其平衡，即是一组 8 市斤的起点

◆ 在平衡处划出 8 市斤的起点位置

◆ 在原砝码上另加 10 市斤的挂钩平衡后即 20 市斤

◆ 再挂上 10 市斤的砝码，移动秤砣至 30 市斤处

的一些制秤作坊又开发创新，制作出长40厘米以下，短而粗的10市斤和20市斤的木杆秤和铝合金杆秤。

◆ 在一纽的杆尾划出位置，即30市斤

◆ 用弓步断出斤两的位置

◆ 用电钻钻秤星的斤与两

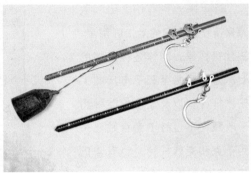

◆ 制作好的两只铜苏纽，20 市斤铝合金杆秤

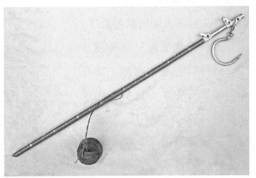

◆ 老工匠用传统手工钻钻铝合金电化秤杆的秤星　　　◆ 制作好的 30 市斤电化红色铝合金杆秤

中华人民共和国成立后，为了加强计量法制管理，我国先后制定了杆秤的检定规程和国家标准。

20 世纪 90 年代中期，国家开始大力推广电子秤。1994 年，国家技术监督局和国家工商总局发出通告，要求在公众贸易中限制使用杆秤。1997 年起又在全国各大中城市限制使用木杆秤，一些商店、企业厂矿开始使用电子秤。但是，当时电子秤和磅秤的价格不菲，这让一般老百姓无法接受，所以在永康杆秤销量并未受到大的影响。

进入 21 世纪后，木杆秤的市场销量开始下滑，外加劳动力和配件涨价，很多秤工看到行情不佳，纷纷转行。但广大农村集市贸易和老百姓还需要它，特别是传统小杆秤因其使用和携带方便，不受场地影响，仍是不可缺少的计量工具。现今永康市金江龙村的衡器专业市场，杆秤销售已大不如前，生产陷入低谷。加之目前电子秤使用普及，商贸广泛推广使用，价格适中，国家在商业计量上限制使用杆秤，同时制作杆秤成本提高，亦不敌电子秤实惠，至今形成双轨制，农贸市场的个体商贩多数仍然使用杆秤，处于同步过渡时期。当前国家推进衡器供给侧结构改革，以市场需要为导向，因此，杆秤制作将渐渐消失在我们的视野中了。

近年来一些有识之士和收藏家请技艺高超的老工匠用金、银丝钉秤星，制作各种高档的七八百市斤甚至三千市斤的工艺木杆秤，以及盒装的戥秤用于收藏，不过时下老百姓已采用千克和克的杆秤，也有些仍习惯要求制作传统市斤的杆秤。制作杆秤不仅是一种历史延续，还是一个重要的秤文化标志，但在商品经济大潮的席卷之下，制作木杆秤的工匠已越来越少了。据杆秤收藏家提起，浙江萧山地区在中华人民共和国成立初期有60多个秤工，现今仅剩下4位老秤匠了；海宁市已不见秤工的踪影；永康市的民间秤工亦已寥寥无几。

◆ 永康县个体秤工技术合格证和浙江省个体秤工许可证

◆ 浙江省个体工商户制造、修理计量器具许可证

九、制作戥秤工艺

　　古时戥秤被称为戥子，亦叫司马秤，俗称洋钱秤。戥秤始于北宋，至今已有1000多年的历史。到明清时代，随着工农业及商业的发展和生产力的提高，戥秤的制造、使用、管理已达到了一个非常完备的水平，至今仍在发挥作用。

　　戥秤均系有小铜盘，有许多品种规格，民间常用的戥秤有1两至1市斤。它是一种专门用于计量金、银、珠宝、香料及中药材等的微型衡器。

◆ 现代，铜杆、铜盘、铜秤砣、一只外刀铜纽、最大称量20克的戥秤

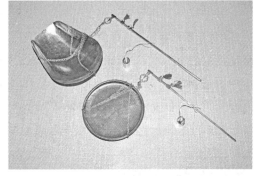

◆ 现代，铜杆、两只外刀铜纽、铜盘、铜秤砣、铜铲上方梅花形视准器内对正则已平衡，最大称量各为300克的戥秤

◆ 现代，铜杆、铜盘、铜秤砣、两只内刀铜纽，最大称量100克、150克、250克、350克的戥秤

◆ 现代，铜杆、铜铲、铜秤砣、两只内刀铜纽，最大称量150克、250克、350克的戥秤

古时的戥秤有 1 只纽、2 只纽、3 只纽的。多为骨杆线纽式，也有木杆线纽式。1 只纽的可计量钱、分；2 只纽的可计量厘、毫；3 只纽的可计量丝、忽，最大称量为 1 市斤。戥秤有刀纽式、刀纽与线纽组合式，有木杆、骨杆和铜杆。由于戥秤使用灵活方便，现今仍是中药店计量中药的重要工具。

戥秤的构造原理与杆秤基本相同，只是比杆秤小而已。戥秤杆，是戥秤的关键部件，其选材有质重性韧的象牙，有质坚如铁的纯黑色乌木，有精工铸造的青铜，有洁白如玉的动物硬骨。戥秤杆的前端系有金属小圆盘子，或畚箕式铜铲盘，用于盛所称的物品，旧时一般用青铜制造，现今多为黄铜板冲压而成。戥秤最大单位是两，小到钱、分、厘。

戥秤是我国汉族人民发明的衡量轻重的器具，属于小型杆秤。戥秤用料考究，做工精细，造型独特，加之有包装盒，现今民间仍遗存有很多各色各样五花八门的旧时戥秤。

戥秤的秤砣，又叫秤锤，旧时多用青铜铸造。古代戥秤的秤砣形制品种繁多，有高度适中的圆柱体，有厚薄得体的椭圆形，有如同硬币般的圆形，有长条扁方形，有镶嵌金银饰品的组合形等。有的为了扩大称量范围，一支戥秤还备有两个大小不等的戥秤秤砣。

据载东汉初年，木杆秤应运而生，成为后人创造戥秤的前提和基础。到了唐、宋，我国的衡器发展日臻成熟，计量单位由"两、铢、累、黍"非十进位制，改为"两、钱、分、厘、毫"十进位制。宋朝主管皇家贡品库藏的官员刘承硅，鉴于当时一般的木杆秤计量精度只能精确到"钱"，远远不能满足贵重物品的称量，他经过潜心研制，在北宋景德年间，创造发明了我国第一支戥秤。经过测量，其戥杆重一钱（3.125 克），长一尺二寸（400 毫米），戥铊重六分（1.875 克）。第一纽（初毫），末量（最大称量）一钱半（4.69 克）；第二纽（中毫），末量一钱（3.125 克）；第三纽（末毫），末量五分（1.5625 克）。这样的称量精度，在世界衡器发展史上是罕见的。这种戥秤设计精美，结构合理，分度值（测量精度）为一厘，相当于今天的 31.25 毫克。

1977 年 3 月，国务院批准改革中医、中药用计量单位，将"两、钱、分"改为"克、毫克、升、毫升"，从此在我国废除了 16 两为一斤的市制。

制作戥秤是项细致的手工艺，且还要有忍耐性，有较高的技艺，由于戥秤细小，手握骨杆难以操作，特别是钻秤星时，左手指握住骨杆要稳，对正印痕要准，因此，制作时要全神贯注，每道工序都得小心谨慎，稍有闪失，就会出现偏差，甚至造成前功尽弃，导致废品。制作一支戥秤，至少要经过秤杆的选料、切割、磨圆、画线、钻秤盘和秤纽的洞孔，系铜盘、穿线纽、测定盘星，画钱、分、厘的孔位，打星眼，涂色等十几道工序，且要做到分毫不差，精确无误。

民间制作骨杆戥秤，多采用牛腿骨，并根据大小不同的称量，先将它锯成长约 30 厘米，宽 3~5 毫米的长方形，并用刮刀经反复多次渐渐刮成如同筷子的圆锥形，再用细砂纸打磨圆润光滑。然后在戥杆上绘制两条中心线，选定支点和重点位置后，通过秤杆上的中心线，钻

◆ 手持刮刀刮骨杆

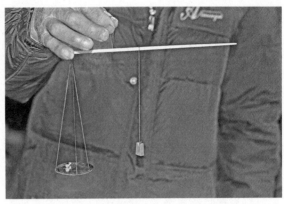

◆ 制作骨杆戥秤，用砝码计算钱的位置

◆ 用弓步画出钱、分、厘的星点

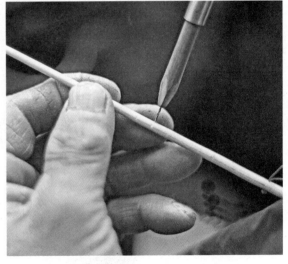

◆ 在骨杆的点上钻秤星洞孔

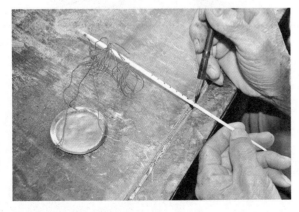

◆ 用黑漆涂星点

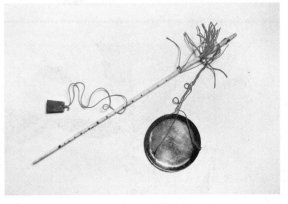

◆ 制作好的最大称量50钱的骨杆戥秤

好垂直的秤盘与两只秤纽的圆孔，并用线丝之类物体穿过该孔，作为秤纽，在重点刀下方装上秤盘（标注两或克），系上相应的秤砣。提起第二纽的称量，应设有零点，零点就是定星点，其构造和原理跟杆秤相同，但戥秤杆上支点的分度可钻眼孔，钻孔时要通过秤杆的中心线，线纽在眼孔中协调一致，并需标出钱、分点，最后用调和漆将秤星涂成红或黑的颜色，则戥秤制作完成了。若制作1市斤的木杆戥秤，需用黄铜片将秤的前部和末端包裹牢固，并安装秤纽，其他工序与木杆秤大同小异。现今制作戥秤多为永康市古山镇的胡库上下村等地，用黄铜浇铸而成的秤杆、秤纽和秤砣，以及经冲压的黄铜盘，其秤星均用台钻半机械生产，价格低廉，小巧玲珑，既实用又美观。

◆ 剪戥秤秤纽铜垫片

◆ 用铬铁焊接戥秤铜套管

◆ 将铜套管套入戥秤的秤杆头、尾

◆ 用钢锯锯出戥秤铜垫片缺口

◆ 用小铁锉锉光戥秤铜垫片的缺口

◆ 安装戥秤秤盘连接环

◆ 用铜梢固定戥秤秤钩连接环

◆ 用铜梢固定戥秤二纽

◆ 锉光戥秤二纽铜梢

◆ 固定戥秤二纽底铜梢

◆ 固定戥秤一纽铜垫片

◆ 锉光戥秤一纽铜梢

◆ 先看安装在戥秤上的配
　件，是否在直线上
◆ 再看配件是否通直

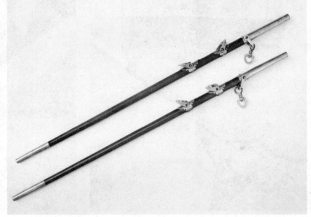

◆ 最后看从套管和配件是否
　安装得当
◆ 已制作好秤组，1市斤的木杆戥秤半成品

◆ 二纽空盘确定戥秤零点
◆ 二纽空盘确定戥秤零点

◆ 戥秤二纽平衡后用刀划出印痕

◆ 戥秤二纽放上四两砝码至末尾为四两

◆ 戥秤二纽末尾，用刀划出印痕即四两

◆ 戥秤一纽盘上放四两的砝码起点

◆ 戥秤一纽盘上放1市斤的砝码，末尾为1市斤

◆ 用弓步断出戥秤半斤与1市斤的位置

中国传统杆秤

◆ 用弓步晰出戥秤一纽的星点 ◆ 再晰出戥秤两与半两的星点　　　　◆ 钻出戥秤一纽的秤星洞孔

◆ 用手车钻钻出戥秤二纽的秤星洞孔　　◆ 右手持割刀，左手将金丝插入戥秤秤星洞孔中

 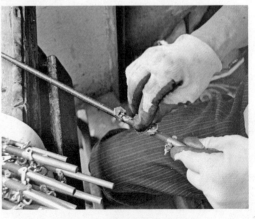

◆ 将金丝割断　　　　　　　◆ 制作好的戥秤用蜂蜡涂抹，使其光亮

152

◆ 制作好的 1 市斤木杆戥秤

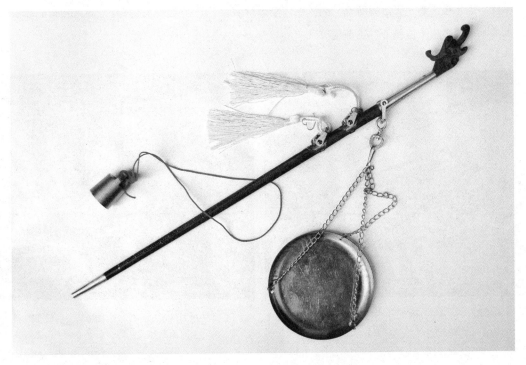

◆ 制作好的最大称量 8 两的戥秤

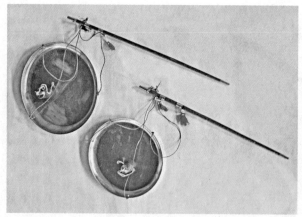

◆ 现代，木杆、铜盘、铜秤砣、两只铜翻纽，最大称量300克、500克的戥秤

◆ 现代，铜杆、铜盘、铜秤砣、一只外刀铜纽，最大称量50克的戥秤

旧时戥秤的秤杆刻有钱、分、厘的星点，多为1两、2两、3两等，现在改为克、毫克，一般有50克、80克、100克、200克、300克等。

戥秤盒，用料可分为红木材质和杂木材质，红木材质的盒子有不同的色彩和纹理，外观不雕刻花纹，不涂油漆，保持木质本身的自然色泽，以示古朴典雅，木材的纹理格外隽秀，产生一种"清水出芙蓉，天然去雕饰"的美感。杂木材质，一般不会变形、开裂，通常为可制作家具的木材，多由木匠精心加工而成。

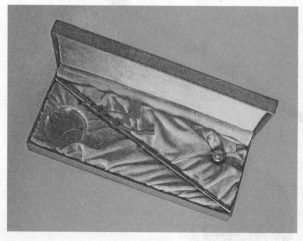

◆ 现代，木杆全长32.5厘米，铜盘、头尾铜套两只铜翻纽、铜秤砣均全部镀金、金丝秤星的500克工艺戥秤

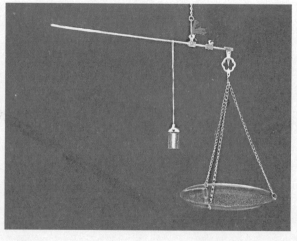

◆ 现代，铜杆、铜秤砣、两只外刀铜纽、铜盘上方梅花形视准器内的指针对正则秤已平衡，最大称量100克的戥秤

古时为了保护细小的戥秤不用时不受损坏，戥秤均要求存放在小木盒里。戥秤盒选料、做工、档次有别。最考究的戥秤盒一般选用木质细腻，富有天然蛋黄色的黄杨木；有的用纹理美观的枣色红木；亦有的用色彩鲜艳美丽的高贵花梨木；富贵人家多用鬃眼细密，木质坚重，呈犀牛角颜色和蟹爪纹理的紫檀木等。戥秤盒的形状可谓千姿百态，有提琴形、琵琶形、长方形等。戥秤盒做工精细，小巧玲珑，严丝合缝，古朴典雅，如同工艺品，为保持盒子木质本身的自然色泽而用蜂蜡打磨后，明亮如镜，令人爱不释手。戥秤因其用料考究，做工精细，技艺独特，被当作一种品位非常高的收藏品。至今民间仍保留众多各式各样的戥秤。

◆ 旧时，木杆全长28厘米，铜盘、两只铜翻纽，最大称量100克的戥秤

◆ 古代，骨杆、铜盘、铜秤砣、一只线组，最大称量20钱的戥秤

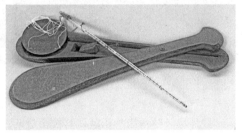

◆ 古代，骨杆、铜盘、铜秤砣、两只线组、最大称量30钱的戥秤

◆ 古代，骨杆、铜秤砣、铜盘、三只线组，最大称量50钱的戥秤

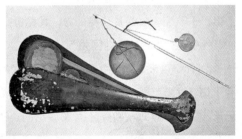

◆ 古代，铜盘、铜秤砣、两只线组，最大称量40钱的象牙杆戥秤

◆ 现代中医院的中药房仍然使用戥秤计量中药

　　戥秤尽管结构简单粗陋，科技含量低，已远远不适应现今飞速发展的计量事业，然而在我国目前遍布城镇的大中小医院或综合性医院中药房及经营性的药房药店中，戥秤仍是具有不是法定而实际具有法定权威地位的计量工具。调配中药处方常用的戥秤有大小两种，大的主要用于调配一般饮片药物处方，其称量范围为 50～500 克，小的主要用于调配细料贵重药和毒性中药处方，称量范围为 50～100 克。

　　21 世纪以来，计量金银都采用高精度的天平了，民间已难觅用手工方法制作传统的骨杆和木杆（称量范围 100 克以下）戥秤，但现今抓中药还是习惯用传统的戥秤，目前的电子秤仍无法替代。因此，戥秤还有发展空间，不过现今戥秤多已半机械化，统一模具用黄铜铸造加工生产了。

十、中国衡器之乡——永康市

永康市地处浙江省中部，属于七山一水二分田的丘陵地貌，山清水秀，但自然资源匮乏。世世代代的永康人中，有很多从事制作金、银、铜、铁、锡的工匠，他们具有勇于开拓、艰苦创业的精神。他们走遍全国大江南北，为他乡人民生产与日常生活服务，素有"永康工匠走四方，府府县县不离康"之说，并赢得了"中国衡器之乡"的美誉，为当代永康成为举世闻名的中国五金之都奠定了基础。

1.永康衡器传承与兴起

据 1991 年的《永康县志》载："衡器制造，肇始于北宋。起始于两头门村，已有数百年历史。"古山镇两头门村的村民多数以制作衡器零件为主要副业，并逐渐形成该村的特色产业，曾为永康文明写下灿烂的篇章。

古山镇的两头门村，距离永康市城区 20 多千米，村南面耸立着连绵起伏的公婆山，村北有座秤砣山，俗称衡山，山下有口水塘，该村就处在这样一个风水宝地之中。这个村人口稠密，耕地有限，但上苍赐予了制作木杆秤的重要原材料。富有天时地利的自然条件，又有吃苦耐劳的精神，按照"靠山吃山""一方水土养一方人"的思路，两头门村人瞄准了城乡老百姓

◆ 永康市公婆山的两头门村北面的秤砣山

生产、生活与市场交易中不可缺少的计量工具，利用山区丰富的林业资源，从事木杆秤制作与销售，作为谋生和发展经济的支撑。几百年来，两头门村从制作杆秤到经营销售，世代相传。晚清与民国时期，已有很多秤工外出制作杆秤谋生，至今仍有滞留在异乡制作木杆秤的。如浙江常山县徐正源秤店，祖孙四代都在那里制作杆秤，生儿育女，繁衍生息，他们每逢清明节还要扶老携幼回家寻根祭祖，不忘老祖宗传授秤艺之恩。20世纪中叶前，两头门村已成为名副其实的制作木杆秤和配件的专业村，195户人家几乎老小齐上阵，从事这项关系国计民生的行业，并产、供、销一条龙，成为当地老百姓最主要的经济来源，以赚钱养家糊口，维持生计。

在旧时，制作木杆秤的手工艺，是民间三百六十行中相对较为轻巧的行当。但要制作好木杆秤是件不易的事，必须专心致志，全凭两手腕和眼力，每车钻一个星孔都需准确，一丝不苟，是一个易学难精的男人谋生行当。由于城乡居民都需要用衡器计量，因此杆秤用量大，易赚钱，是一门颇受欢迎的手艺。即使遇到百年一遇的自然灾害，庄稼颗粒无收，对他们来说也无妨，故民间素有"田山拐册（开裂），洪水汪洋，也饿不死钉秤客""学会钉秤、补锅，凭啥生意不用模"之说。于是，乡亲们都希望自己的儿子学会这项技艺，争着加入这个行业。

我国古代传统手工艺的行业，有制订"行规""邦规""公议条规""会章"等习俗。内容主要为规定经营范围，维护同行利益，限制同业竞争，保持传统习惯。会员应遵守行规，违则处罚。手工业行会、行规主要规定原料、产品规格和售价，帮工待遇，劳动条件和学徒等不成文的制度等。

传承制作杆秤，由于历来有"肥水不流外人田"的不成文古训，为免扩散范围，导致竞争，影响该行业的生意，因此多数只传儿子、儿媳，不传女儿，传内不传外，也有以亲带亲或少数拜师学艺的。每当学徒拜师学艺时，要先与手艺人谈妥有关事项，取得匠师的认可，随后送一些当地的土特产作为见面礼。老秤工说：中华人民共和国成立前还有新徒弟向师爷（师傅）跪拜施礼的习俗，最后方能确定师徒关系。学徒跟师学艺按传统的规矩，历来第一年只讲无私奉献（俗叫白做），有些甚至还要倒贴，给师爷二三担（1担=100市斤）稻谷，而师爷只供徒弟吃饭，不计报酬，这些有别于其他行业，到第二年生意好时，师爷方会适当给徒弟一些象征性的零用钱。

旧时，在永康民间，学徒称其拜师学艺的手艺人为"师爷"，师爷之妻称呼为"师娘"，师爷的儿女叫"师兄、师弟、师姊、师妹"。而且素有"师爷大如父、师娘大如母""一日为师，终身为父"的说法。在劳作中，徒弟需认真聆听师爷的教诲，不能无礼，胡搅蛮缠，且对师爷要尊敬，做到打不还手，骂不还口，和睦相处，亲如一家。

在学艺期间，师爷首先是教会徒弟，用右手将苎麻丝（俗称真麻）置于小腿外侧，搓成一头尖的麻绳秤纽。随后徒弟只有得宠于师爷方可一步一步地被传授技巧，较快掌握计算秤杆上的秤纽位置，划出各种杆秤斤两的刻度和钻钉秤星等技能，再慢慢独立自主地制作杆秤，以及应对市场的变化和用户的需求等。当徒弟三年满师另起炉灶后，逢年过节还要携带礼物（麦饼肉）孝敬师爷、师娘，以谢培养之恩。

永康秤工属于跑江湖一类，通常和该市的打铜的或者打镴（锡）的为伍，常年游走他乡。秤匠外出在客户面前，师徒俩确定用料、工序、索取报酬等，均用浓重的家乡话进行交流，既方便又隐秘，因此乡音不绝于耳。若偶遇永康陌生人叫"啰"，或称"同年哥"，显得更加亲切，有困难时他们也会施以援助，这也是永康人能融入当地、勇闯四方的优势所在。同时，秤工们还要学会并掌握一套行话（隐语），俗称"私话"，在交易时商定对策。对于成交要严格遵守行规，把钞票说成"老底"（以下皆为谐音），一元说"毫"、二元说"排"、三元说"拆"、四元说"苏"、五元说"骨"、六元说"拥"、七元说"星"、八元说"宽"、九元说"玖"、十元说"拾"，元说成"健"。如20世纪70年代，制作20市斤杆秤的售价时说："拆健"（为3元），30市斤杆秤的售价说："苏健"（为4元），100市斤杆秤的售价说："毫拾健"（为10元），以此类推。在日常生活中，锅讲"仰天"，油"麻见"，碗"琚"，筷子"两拐捧"，吃饭说"食喝"，午餐有菜"了身"，酒"三点"，鱼"水骆苏"，鳖叫"兴"。对钉秤人要说："起横（衡）罗、拍拍"，叫徒弟为"徒了"等等，还有刨秤杆不能说光，要叫"净或圆"，早晨不能拍鞋，怕拍掉生意等忌讳，这些杆秤行业所特有的行话术语，均要牢记在心，随时应用。若师爷（师傅）认为徒弟不是块料，辞退时委婉地说："没办法，祖师爷不赏你这碗饭，还是改行学别的吧"等行话。

在外出时，制定销售木杆秤的价格，一般是按照"对半工钱"，即成本材料费加用工时间，以及利润各占50%来计算定价。但销售时可根据当时的实际情况灵活掌握，没有硬性规定。生意好时价格比较坚挺，价位稍高；若生意疲软，即可适当下滑；要是饿了为解决吃饱，急于用钱即便宜斟酌处理；如果年底急于返乡，只收点成本费或不惜血本也要贱卖出售，免得回家途中累赘。

以20市斤的木杆秤为例：20世纪60年代，每支只要一元二三角；70年代，涨至三元二角；现今需七八十元了。这也说明材料费、人工费不断涨价，导致水涨船高。

民国以前至中华人民共和国初期，永康秤工多数是农忙务农，农闲外出钉秤，亦工亦农两不误。他们有外出经营制作修理杆秤的传统习惯，如同候鸟般地每年春秋两次迁徙。为了讨个好兆头，他们每年一般挑选农历正月十八前后，即去他乡僻壤，六月回家收割稻谷，八月再次前往，年前返乡过大年。为图吉利，生意兴隆，择好日期，踽踽独行去本省各地钉秤了。那时师徒通常身着土布衣衫，足穿草鞋，师爷挑码（样）子秤、木秤杆、工具等行头在前，俗称为劳桌、坐箱；徒弟随后肩挑两只箸笼，内放被褥衣服，秤纽、秤钩、秤砣配件等。若去省外的江西、福建、安徽等省的乡村，要日行百里，长途跋涉四五天，方可到达目的地。

◆ 秤工肩挑行头，长途跋涉走在乡村的卵石小路上

此后，他们风雨无阻，跋山涉水，每到一个村庄，师爷即将行头置于村镇的热闹中心地带，开始制作木杆秤或修理旧秤，更换秤纽、秤钩或修复杆秤的秤星了。有时根据用户需要还用毛竹片兼钉市尺，俗称"三元尺"。其间，徒弟立忙不迭地手持数支杆秤，围绕村庄，边走边吆喝揽生意，"钉秤喽！""修秤喔！"的粗犷声音不绝于耳，响彻四面八方。如有人要买秤，即现货交易，需修理或更换秤纽、秤钩则谈妥价钱，顺便带回，修好后再送回去。若生意好时师徒仍在原地经营，否则另移它处。秤工们流动十分频繁，常常今天东、明天西，变换无常，实可谓是"放几炮，换一个地方"。秤工们就这样周而复始地为民众制作杆秤或修理旧秤，直至农历六月农忙时节回家收割稻谷，事完再次返回原处，直至年关返乡过大年，这样每次能纯收入七八十元，在那个年代也算是不错的。为防避天有不测风云，祸从天降，在行走途中，遭遇抢劫即利用随身肩挑

◆ 秤工每到一个村镇，需走街串巷吆喝修秤钉秤

◆ 秤工在民居的屋檐下，从劳作和坐箱中取出工具与配件

◆ 从行头中取出的各种规格铁秤砣

◆ 用小细刨将木秤杆刨圆滑

◆ 将秤钩前的木杆圆周锉去一丝，方可安装铜套

◆ 用大钻钻秤钩和秤纽的洞孔　　◆ 用小圆锉锉光安装秤钩和秤纽的洞孔　　◆ 将秤钩前的木杆圆周锯去一丝

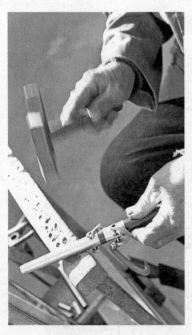

◆ 安装铜下翻　　◆ 安装铜翻秤纽　　◆ 安装秤纽和下翻后，看是否正直

◆ 安装铜套头和保护秤杆　◆ 安装铜翻秤组　　　　　　　　◆ 系上镀锌铁秤钩
　的铜垫片

◆ 用秤砣计算斤两的起始　　　　　◆ 用弓步断出两与斤的位置

◆ 秤工用手车钻钻 300 市斤的杆秤秤星洞孔

◆ 秤工外出用手车钻钻 100 市斤的杆秤秤星洞孔

◆ 右手持割刀，左手将铝丝插入洞孔，并将其割断拍平

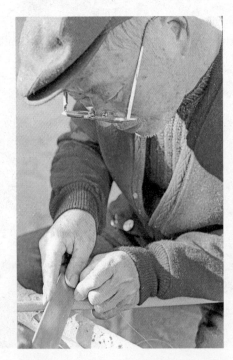

◆ 用铝丝钉秤星

◆ 秤星钉好后，用磨石将秤星磨平整

◆ 涂抹染色

◆ 待半小时后于水盆上用磨石磨光洁

◆ 用手沾水清洗染料、杆秤即变成黑色

◆ 用布擦拭干燥即为成品

的硬木扁担，既可防身，起到震慑作用，与其对峙时还可抵挡一阵，化险为夷，避免被劫去省吃俭用积攒下来的血汗钱，因此秤工赚了些钱后往往需及时寄回家中，以防不测。

　　旧时外出的秤匠一般均为青壮年，身强体健能与风雨抗衡，即使常饿肚子亦能撑得住。其收入也不稳定，生意清淡时一个铜钱掰成两个用，生活十分艰苦节约。秤工平时吃的是千家饭，也有在就近摊贩用餐，能填饱肚皮已很不错了。劳作一天后，常常风餐露宿或借住农家屋檐下，亦顾不及梅雨季节的酷热难当以及三伏天的潮湿难眠，蚊虫叮咬。冬季被褥单薄，

◆ 顾客请师傅修理杆秤

◆ 秤修好后顾客付款

睡眠时缩成一团晚上当"团长"是常事。他们长年累月奔波挣扎在他乡，艰苦奋斗，含辛茹苦地造就了永康"中国衡器之乡"这一美名，为现今永康成为闻名世界的中国五金之都作出了很大贡献，我们应该永远铭记秤工们的创业精神。

传统的秤店均比较简陋狭小，室内设有工作台、坐箱，各种工具、材料及成品等，它既是作坊又是店铺。

新中国成立初期，永康仍有很多制作木杆秤的工匠和个体户加工杆秤和配件，然而在那"阶级斗争为纲"的年代里，农民从事农耕以外的任何活动，都被认为是"走资本主义道路"或"投机倒把"，被当作"资本主义尾巴"而"割掉"。制作杆秤，若遇政府市场管理人员即在劫难逃，不是被没收上缴半成品、工具，就是被砸个稀巴烂，或者被叫去公社训斥。

2. 杆秤发展与辉煌

《永康县志》载："永康素以'衡器之乡'全国盛名。民国35年（1946年）由应日时等18人发起，并于民国36年（1947年）2月成立的'永康县度量衡职业工会'共有会员255人，

◆ 永康市金江龙村口，竖立着象征天作之合的秤砣石碑

◆ 永康市两头门村最后制作木杆秤的80多岁工匠徐正纪

会员中以胡库乡两头门、塍塘两个村的秤工最多。"这是永康最早的民间群众性衡器组织，他们开展生产、协调等有关事项，为永康后来的衡器发展奠定了基础。

中华人民共和国成立后至 1956 年手工业合作化，改制为集体生产，永康个体秤工仍外出经营，从未中断过。

据 1983 年 11 月永康县计量管理所统计："全县 46 万余人，耕地 30 万亩，每人平均 0.69 亩地，是个人多地少的县，各行各业手工业人数众多，特别是个体衡器手工业，具有外出串乡修制衡器的传统习惯。据 1981 年省、地、县三级计量部门初步调查，永康县个体秤工有一万一千余人，目前组织起来的秤工仅占全县个体秤工的 4% 左右，95% 以上外出修制衡器。" 1987 年全县有制作杆秤从业人员达 2 万余，经质量技术监督管理部门审查合格且有钉秤许可证者 3482 人。

20 世纪 80 年代初期，永康生产的木杆秤，主要集中在胡库、方岩和芝英三个乡镇，面积达 140 平方千米，90% 属于山区，人口 9.2 万。那时改革开放的春风吹遍祖国大地，商品流通十分活跃，在永康这片热土上，衡器行业迅速崛起，并向周边市县的乡镇拓展，辐射全国，出现了产销两旺、欣欣向荣的大好局面，成为当时永康的支柱产业。

厂设胡库村的寮湖衡器厂，主要生产木杆秤、铝合金杆秤和戥秤（药秤），是轻工业部、国家计量标准总局定点厂。

20 世纪 80 年代中后期，永康衡器制作中心以地处古山镇的金江龙、两头门和塍塘三个村为龙头，毗邻村庄星罗棋布的制作木杆秤配件的家庭作坊，以及县属镇、乡、村集体企业的衡器厂并喷式地发展起来，它们分别加工铜材，制作铜秤纽，锻打铁秤钩，铸造铁秤砣，制作铜、铝合金的秤盘和木秤杆等零配件及各种戥秤，衡器制造业成为一个综合性的五金行业，进入黄金发展时代。

20 世纪中叶，永康县方岩镇所在地派溪村集市，则有销售木杆秤、配件、材料和制作杆秤的工具等一二百摊位规模的衡器交易区。"文化大革命"时期，在极左思想的影响下，杆秤经营受到巨大冲击。为了躲避监管，三五成群的衡器配件销售人员，打游击似的到芝英、方岩、胡库三个乡镇的地缘僻壤处的金江龙村边摆摊经营，并逐渐形成集市。该村顺势于 1977 年，把后山谷场改造为衡器市场。改革开放后，木杆秤生产蓬勃兴起，金江龙村两委和管理衡器市场的负责人应悬柳具体参与策划实施，他们抓住商机，于 1978 年 12 月开始，逢农历每月的初二、初七日正式建立销售木杆秤、盘秤、戥秤、秤钩、秤纽、秤砣、铜丝、铝丝、颜料、木秤杆及钉秤工具等的集市，后发展为品种多、配件规格齐全的繁荣专业衡器市场。1984 年后，上市交易人员从县内拓展到邻县以及全国 20 多个省份，人来人往，热闹非凡，发展达到鼎盛时期。据统计，当时每次集市能吸引万余人，摊位增至 1000 多个，仅年销售进口红木的木秤杆就达 2000 余立方米，总交易额 3000 多万元，形成辐射全国、规模最大

◆ 永康市金江龙村应德印老师傅（浙江省非物质文化遗产传承人）在制作杆秤

◆ 两人在金江龙衡器市场交易木秤杆

◆ 在金江龙衡器市场，秤工将买好的木秤杆捆扎好

◆ 秤工在金江龙衡器市场挑选秤纽配件

◆ 金江龙衡器市场销售的各种大、小镀锌铁钩和铁钩

◆ 秤工在金江龙衡器市场购买铜秤纽

◆ 秤工在金江龙衡器市场购买秤钩

的著名衡器集散地，呈现一派繁荣景象。衡器迅速发展并成为当时永康的重要支柱产业，金江龙村也因此被命名为"中国衡器之乡"。

据永康县人民政府永政〔1983〕91号文件载："目前我县社队企业有衡器厂十四个（家），工人四百余人，二家定量铊厂，每年销售全国各地的新制木杆秤达20余万支，定量铊30余万只。"1976~1981年，据当地商业供销部门统计，共销售木杆秤110万余支，产值1100余万元。

据1991年《永康县志》记载："衡器制造，为浙江省计量器具重点县。1985年，永康建立全国第一个衡器质量检测站"，并成为当代著名的中国衡器之乡，木杆秤制作在全国享有美誉。

2009年永康市制作杆秤技艺的传承人应德印，入选浙江省第三批非物质文化遗产传承人名录。

3. 开拓创新，再创佳绩

木杆秤是永康地域传统文化的一朵奇葩。最近几年，众多匠师在传承发展过程中，既保持传统内涵，又注入新的元素，精益求精，再创辉煌。

2006年，一批采用黄金丝钉秤星，黄金镀秤盘、秤纽、秤砣（金黄是至尊之色，"黄"与"皇"谐音），红木木杆，手工制作的长33厘米、称量500克的盒装工艺戥秤，被作为国礼送给美国、英国、法国、日本

◆ 金江龙衡器市场摆设的木杆秤和铝合金杆秤

◆ 金江龙衡器市场摆设的大、小木杆秤

◆ 顾客在金江龙衡器市场选购木杆秤

◆ 金江龙衡器市场的顾客在选购木杆秤　　　　◆ 金江龙衡器市场上张挂的戥秤样品

◆ 顾客在金江龙衡器市场选购戥秤，并检验质量　　◆ 金江龙衡器市场出售的各种戥秤

◆ 永康市的集市上顾客在咨询购买木杆秤　　　◆ 集市摊位上的各种木杆秤

和意大利等国家珍藏。这批秤出自永康市金江龙村的杆秤制作传承人应德印老师傅。传统杆秤担当起传播中国传统文化的使命，由此可见永康杆秤制作技艺之精湛，声名远播。

此外，在中国衡器之乡有一位技艺高超的资深老匠师曹发明。他标新立异又不失传统，制作了若干做工精细的礼品秤。这些杆秤长 39 厘米，称量 2 市斤，采用越南红酸枝木杆，纯丝金钉秤星制造，并采用名贵的缅甸花梨木制作古色古香的精美包装秤盒，成为藏家竞相收藏的稀有珍品。

为适应当前收藏家的需要和时代潮流，近年来众多工匠在制作传统杆秤的基础上，又有了新的突破。他们用黄铜皮或不锈钢皮包裹木杆秤的秤头、秤尾，黄铜或不锈钢作秤砣，金丝或银丝钉秤星，采取上等红木，经精细加工成为 500 市斤、800 市斤、1000 市斤等，具有我国传统文化元素的工艺大杆秤。永康市芝英镇钉秤老师傅应广火的经典之作为 1500 市斤的工艺木杆秤。该秤用黄金丝镶嵌三国英雄、十八罗汉、四大金刚、十二生肖、八仙过海等图案与秤星，生动传神，获得香港世界纪录协会颁发的世界上计量最大的木杆秤证书。

◆ 永康市应德印老师傅，获浙江省"非遗"传承人证书

◆ 永康市应广火老师傅制作的最大称量 750 千克的"三国英雄"木杆秤，获世界纪录协会颁发的证书

◆ 钉秤老师傅应广火制作的杆长 2.88 米，杆直径 6.8 厘米，最大称量 1500 市斤的工艺木杆秤

出自木杆秤制作世家，现已66岁的永康钉秤老师傅朱子岩，为祖孙三代钉秤传承人，从小就在父亲身边，耳濡目染，曾是省衡器监定员。他为了将传统木杆秤发扬光大，精益求精，整整花了半年多时间，别具匠心，制作了造型流畅、风格独特，既有实

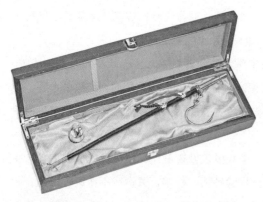

◆ 用金丝钉秤星、二市斤的盒装工艺木杆秤

◆ 中国传统杆秤，印有中华人民共和国国家质量监督检验检疫总局的包装盒和用金丝钉秤星的500克红木杆秤

◆ 金华市首届劳动竞赛委员会授予朱子岩"八婺工匠"证书和手举铁锤造型的奖碑

◆ 永康市博物馆收藏朱子岩杆秤的证书

◆ 朱子岩荣获国家文化部、浙江省人民政府、中国国际贸易促进委员会主办的第12届中国（义乌）文化产品交易会工艺美术银奖证书

用价值，又兼具艺术风采的吉祥古典大木杆秤。这支价值 10 万元的小叶紫檀秤杆杆重 60 市斤，杆长达 3.32 米，杆粗 7.8 厘米，配 3.5 市斤的铜秤钩，两只共 15 市斤的铜秤纽和 50 市斤的铜秤砣，精美绝伦，它的精确度和灵敏度绝对不亚于一般的杆秤。同时该秤还以黄金丝镶嵌栩栩如生的龙凤呈祥、松鹤长青、关公招财、猛虎下山等 10 多幅神形逼真的图案及福如东海、寿比南山的空心字，整整花了黄金丝 200 克。杆秤总价值高达 50 万元，可称 1888 市斤。此秤既保持传统文化特质，同时又具有强烈的时代感，成为雅俗共赏的当代纯手工工艺品，令人叹为观止。这支杆秤是朱子岩师傅 50 多年钉秤生涯的巅峰之作，并率先获得上海大世界基尼斯之最。

◆ 现代，两支均长 3.32 米，杆直径 7.8 厘米，分别用金丝、银丝制作图案与秤星，最大称量分别为 1888 市斤和 2000 市斤的工艺木杆秤

2017 年 1 月，朱子岩用大叶紫檀木杆、银丝钉秤星和图案制成的价值 28 万元的 1888 市斤工艺木杆秤无偿捐赠给永康市博物馆。2017 年 4 月，朱子岩荣获金华市首届劳动竞赛委员会颁发的"八婺工匠"称号。同月，朱子岩的 2000 市斤工艺木杆秤获国家文化部、浙江省人民政府、中国国际贸易促进委员会主办的第 12 届中国（义乌）文化产品交易会工艺美术银奖。

◆ 铜下翻和铜秤钩，共重 8.3 市斤

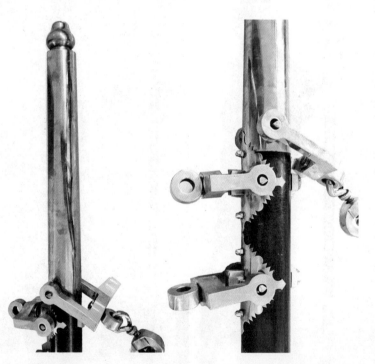

工艺铜秤头，长 60 厘米　　两只轿扛铜秤纽，共重 8 市斤

二纽北下方，钉有"郑东海记"字样和青松、老虎图案

◆ 1888 市斤木杆秤局部图

◆ 1888 市斤木杆秤局部图

◆ 1888 市斤杆秤局部图

◆ 现代、上海大世界基尼斯之最，用血檀红木作秤杆，银丝钉如来佛、观音、龙凤等图案及秤星，杆长
3.62米，杆粗9.8厘米，最大称量1280千克，二纽688千克，一纽1280千克的工艺大杆秤

◆ 上海大世界基尼斯之最木杆秤，900~1000千克
　刻度之间钉有凤凰的图案，局部秤杆

◆ 上海大世界基尼斯之最木杆秤，1000~1100千克
　刻度之间钉有一帆风顺的图案，局部秤杆

◆ 上海大世界基尼斯之最木杆秤，1200~1280千克
　刻度之间钉有聚宝盆的图案，局部秤杆

◆ 上海大世界基尼斯之最木杆秤，聚宝盆下长
　60厘米的末尾铜头和33千克的铜秤砣

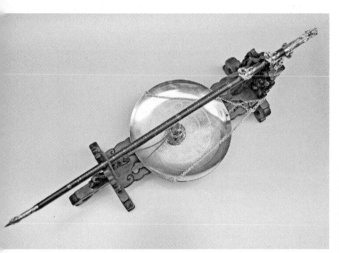

◆ 朱子岩最新创作的用金丝钉秤星，秤杆龙头、龙尾、秤纽、秤盘、秤砣均为镀金，用银链连接秤盘，以克为单位，最大计量1000克的工艺木杆龙秤，并获得国家专利

◆ 永康工匠朱子岩在制钉千斤木杆秤

◆ 用金丝镶嵌松鹤长青的千斤杆秤

◆ 永康工匠朱子岩口传心授，教儿子弹墨斗线

◆ 杆秤制作世家的第三代传承人朱子岩，被市政府授予"永康工匠"，他将把杆秤技艺传承给儿子朱海波

还有后浪推前浪，唐先镇的施洪星工匠，用血檀作秤杆，银丝钉秤星和佛祖、观音、财神、龙凤等图案，称量达 1280 千克的工艺大木杆秤，再次刷新并荣获上海大世界基尼斯纪录。

永康市的胡乾仓师傅，用黑酸枝红木，黄金丝制钉双鹤、老子、西游记、福禄寿喜等图案与秤星，制作出总称量高达 3000 市斤的特大工艺木杆秤，其赢得了"中华第一木杆秤"的称号，是难得一见的珍品，受到众多有识之士的追捧，成为永康传统秤文化的里程碑。这些各具特色的工艺木杆秤，都出自永康市秤工之手，反映了当代中国衡器之乡秤工的高超技艺，谱写了当代传统永康工匠的精神。他们的

◆ 1280 千克的工艺大木杆秤的上海大世界基尼斯之最证书

作为，对永康市的政治、经济、文化产生了深远影响，为推动民间制作与收藏木杆秤作出了积极贡献。

进入 21 世纪以来，由于社会进步和科学技术迅速发展，电子秤价廉、方便，在商贸中广泛使用。现今只有少数老工匠仍在家乡坚守这个行当，制作杆秤，或从事加工衡器的零配件等，已无人去外地钉秤经商了。现今两头门村，仅有从事钉秤 60 多年的 80 多岁的徐正纪老工匠，依然热爱老行当，但后继无人，此地的钉秤行业不久将销声匿迹了。金江龙村原先占地6000 多平方米的专业衡器市场，亦已于 2013 年拆除，如今一片荒地，杂草丛生。虽然杆秤仍在一定范围流行，但越发小众化。永康市金江龙村衡器市场的繁荣盛况也已成为久远的故事了。现今专业衡器市场已搬迁至原该村的晒谷场，仅销售少数杆秤和秤工制作杆秤的零配件，逢农历每月二、七日集市时，仍有供应。近两年，金江龙村在上级各部门的大力支持下，利用村古祠堂投入百万巨资筹建了永康市秤文化博物馆，目前正在设计布置展品，以做好传

◆ 原先永康市金江龙村，兴盛的全国衡器市场，现已一片荒地，杂草丛生，它见证了杆秤历史的变迁

统杆秤的传承，弘扬优秀传统文化。

2016年9月，为了弘扬中华民族古老的传统优秀乡土民生文化，永康市政府在众多百工中，启动"十大永康工匠"评选，其中制作杆秤即占了两席，同时相应地建立十家创作工作室，并一次性奖励每个工作室10万元，使其继承有人，这说明市政府高度重视传承杆秤文化。

附录

附录一　中国历代斤两重量变迁表

年　代	朝　代	一两合克数	一斤合克数	附　注
公元前 1122 年～公元前 225 年	周	14.93 16.86 （楚器）	228.86 269.8	
公元前 350 年～公元前 206 年	秦	16.02	256.25 （高奴禾石铜权）	
公元前 206 年至公元 8 年	西汉	15.63 19.44 16.53	250 311 264.5	
9～24 年	新莽	13.92 15.3	222.73 244.93	
25～220 年	东汉	13.92 15.63	222.73 250	
220～265 年	魏	13.92	222.73	西汉的出土文物较多，所以西汉出土衡器斤两合克数的数值亦多。以一斤合克数而论，有 200、242.56、311 等几十个。平均计算，可以得出西汉一斤约合今 242.47 克，一两约合今 15.17 克
265～430 年	晋	13.92	222.73	
479～502 年	南朝齐	20.88	334.1	
502～589 年	梁陈	13.92	222.73	
386～534 年	北魏	13.92	222.73	
534～577 年	东魏北齐	27.84	445.46	
566～581 年	北周	15.66	250.56	
581～618 年	隋		668.19 222.73	
618～907 年	唐	37.30	596.82	
907～960 年	五代	37.30	596.82	
960～1279 年	宋	37.30	596.82	
1279～1368 年	元	37.30	596.82	
1368～1644 年	明	37.30	596.82	
1644～1911 年	清	37.30	596.82	

附录二 杆秤分度、杆长、砣重和砣重允差表一 (市制部分)

最大称量	第一组		称量	第二组		杆长/厘米	定量砣		
	首分度量	最小分度值		首分度量	最小分度值		砣重	砣重允差	砣重与称量的比率/%
300 市斤	70 市斤	1 市斤	70 市斤	0	0.5 市斤	150 以上	4.5 公斤	1.5 克	3
250 市斤	60 市斤	1 市斤	60 市斤	0	0.5 市斤	145 以上	3.75 公斤	1.5 克	3
200 市斤	50 市斤	1 市斤	50 市斤	0	0.5 市斤	140 以上	3.5 公斤	1.2 克	3.5
150 市斤	30 市斤	1 市斤	30 市斤	0	0.5 市斤	130 以上	3 公斤	1.2 克	4
100 市斤	30 市斤	0.5 市斤	30 市斤	0	0.2 市斤	110 以上	2.5 公斤	1 克	5
50 市斤	8 市斤	0.5 市斤	8 市斤	0	0.2 市斤	80 以上	1.25 公斤	0.5 克	5
30 市斤	8 市斤	0.5 市斤	8 市斤	0	0.1 市斤	70 以上	750 克	250 毫克	5
20 市斤	5 市斤	0.2 市斤	5 市斤	0	0.05 市斤	60 以上	500 克	120 毫克	5
15 市斤	3 市斤	0.2 市斤	3 市斤	0	0.05 市斤	55 以上	450 克	120 毫克	6
10 市斤	3 市斤	0.2 市斤	3 市斤	0	0.05 市斤	55 以上	400 克	100 毫克	8
5 市斤	1 市斤	0.1 市斤	1 市斤	0	0.05 市斤	45 以上	375 克	100 毫克	15
3 市斤	0.6 市斤	0.05 市斤	0.6 市斤	0	0.01 市斤	40 以上	225 克	70 毫克	15
2 市斤	0.6 市斤	0.05 市斤	0.6 市斤	0	0.01 市斤	40 以上	150 克	50 毫克	15

附件三 杆秤分度、杆长、铊重和铊重允差表二 （公制部分）

最大称量	第一纽		第二纽			杆长/厘米	定量铊		
	首分度量	最小分度值	称量	首分度量	最小分度值		铊重	铊重允差	铊重与称量的比率/%
150市斤	35公斤	1公斤	35公斤	0	500克	150以上	4.5公斤	1.5克	3
100市斤	25公斤	500克	25公斤	0	200克	140以上	3.5公斤	1.2克	3.5
50市斤	15公斤	200克	15公斤	0	100克	110以上	2.5公斤	1克	5
30市斤	8公斤	200克	8公斤	0	100克	90以上	1.5公斤	500毫克	5
15市斤	4公斤	100克	4公斤	0	50克	70以上	750克	250毫克	5
10市斤	2.5公斤	100克	2.5公斤	0	50克	60以上	500克	120毫克	5
5市斤	1.5公斤	50克	1.5公斤	0	20克	55以上	400克	100毫克	8
3市斤	500克	20克	500克	0	10克	45以上	300克	70毫克	15
1市斤	200克	10克	200克	0	5克	40以上	150克	50毫克	15
500克	200克	10克	200克	0	5克	35以上	75克	25毫克	15
200克	50克	2克	50克	0	1克	30以上	30克	15毫克	15
50克	20克	1克	20克	0	500毫克	25以上	7.5克	5毫克	15

附录四 杆秤允差表

允差种类	受检称量	第二纽	第一纽	
		零点及任何称量	$\frac{1}{2}$最大称量以内	$\frac{1}{2}$最大称量至最大称量
钩秤和盘秤		该纽最大称量的$\frac{1}{500}$	$\frac{1}{2}$最大称量的$\frac{1}{500}$	所检称量的$\frac{1}{500}$
戥秤	刀纽式	该纽最大称量的$\frac{1}{500}$		
	刀纽线纽结合式	该纽最大称量的$\frac{1}{200}$		
	线纽式	该纽最大称量的$\frac{1}{100}$		

附录五 其 他

1.《中华人民共和国计量管理条例（试行)》相关材料

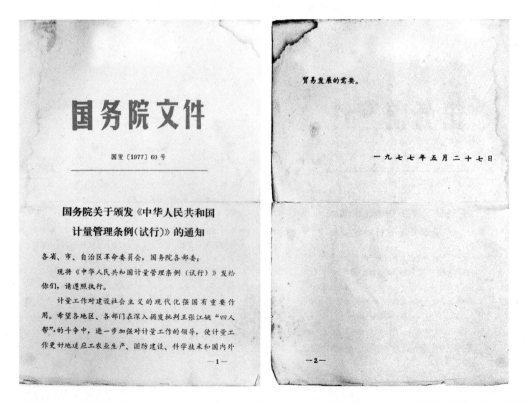

关于颁发《中华人民共和国
计量管理条例（试行）》的请示报告

国务院：

建国以来，我国计量工作，在毛主席革命路线的指引下，有了很大的发展。一九五五年成立了国家计量局，统一管理全国的计量工作。一九五九年国务院发布了《统一计量制度的命令》，计量制度基本达到了统一，改变了旧中国计量制度的混乱局面。经济建设、国防建设和科学研究急需的国家计量基准器和各级计量标准器，大部分已建立起来并进行了量值传递，基本上统一了全国的量值。全国各省、市、自治区和国务院有关部门，以及大部分地区、市、县和企业、事业单位，建立了计量机构，初步形成了全国计量网。计量工作为阶级斗争、生产斗争和科学实验三大革命运动服务，取得了显著成绩，对发展社会主义经济，巩固无产阶级专政起到了积极的作用。

一九五九年国务院发布的《统一计量制度的命令》，

—3—

主要是解决全国计量制度的统一问题，对计量管理工作未作具体规定。随着经济建设、国防建设和科学技术的迅速发展，计量管理工作中的问题越来越突出，特别是近几年来，由于"四人帮"的干扰破坏，造成计量管理混乱。工业生产中使用的仪器仪表大量失准，严重影响了安全生产和产品质量的提高。城乡资本主义势力乘机利用计量器具进行营私舞弊，投机倒把，贪污盗窃。在对外贸易中，计量检验制度不健全，给外商造成投机诈骗的可乘之机，直接影响对国际资本主义的斗争和我国的权益。此外，尚有不少单位不应设置高等级的计量标准器，也盲目设置，造成许多重复浪费。为了贯彻执行华主席提出的抓纲治国的战略决策，调动一切积极因素，迅速解决计量工作中存在的各项管理原则问题，把计量工作搞好，使计量工作更好地为三大革命运动服务，各地都迫切要求颁发一个全国统一的计量管理条例，以便进一步加强计量管理工作。

在起草"条例"过程中，我局和省、市、自治区计量管理部门曾多次深入基层进行调查研究，总结多年来计量工作的经验，特别是文化大革命以来的经验，并征求了国务院有关部门、人民解放军有关主管部门和各省、市、自治

—4—

区有关部门的意见，反复进行了修改。在一九七五年十二月全国计划会议上又征求了意见，大家认为搞个"条例"是必要的，这个"条例"的内容是可行的。最近，我们又召开了部分省、市计量管理部门负责同志座谈会，学习了毛主席的光辉著作《论十大关系》和华主席在第二次全国农业学大寨会议上的重要讲话，批判了"四人帮"，对"条例"又作了一些修改。现将《中华人民共和国计量管理条例（试行）》报请国务院颁发施行。

国家标准计量局
一九七七年四月十一日

—5—

中华人民共和国计量管理条例（试行）
（一九七七年五月二十七日国务院发布施行）

第一章 总 则

第一条 为进一步统一我国的计量制度，健全全国计量体系，使计量工作适应社会主义革命和社会主义建设发展的需要，特制定本条例。

第二条 计量工作必须贯彻执行毛主席的无产阶级革命路线，在党的一元化领导下，以阶级斗争为纲，加强管理，统一量值，实行专业队伍与群众运动相结合，计量测试与生产建设相结合，检定与修理相结合，为阶级斗争、生产斗争和科学实验三大革命运动服务。

第二章 计量制度

第三条 我国的基本计量制度是米制（即"公制"），逐步采用国际单位制。

目前保留的市制，要逐步改革。

—6—

英制，除因特殊需要经省、市、自治区以上计量管理部门批准外，一律不准使用。

第四条　计量单位的中文名称、代号和采用方案，另行公布。

第三章　计量基准器、标准器的建立和量值传递

第五条　国家计量基准器是实现全国量值统一的基本依据，由中华人民共和国标准计量局（简称国家标准计量局）根据生产建设的需要组织研究和建立，经国家鉴定合格后使用。

各级计量标准器的建立，应在国家统一计划下，按照条块结合，以块为主的原则，统筹规划，合理布局。各级计量机构建立其最高一级计量标准器，须经上级计量管理部门审查批准。

第六条　国家计量基准器的量值，通过各级计量标准器逐级传递到经济建设、国防建设和科学研究中使用的计量器具，以保证全国量值的统一。量值传递必须按照就地就近的原则组织安排。

— 7 —

第四章　计量器具的管理

第七条　生产、修理计量器具的企业，须经当地计量管理部门审核同意后，向工商行政管理部门办理开业登记。

生产、修理计量器具的企业，必须坚持无产阶级政治挂帅，严格执行计量、检验制度，保证产品质量。生产、修理的计量器具必须实行国家检定。国家检定由计量管理部门或由其批准的企业执行。不合格的产品不出厂。

计量管理部门对生产、修理的计量器具，必须加强管理，进行质量监督检查。

计量标准仪器的分配，由国家标准计量局归口管理。具体管理范围和办法由国家标准计量局会同有关部门制定。

第八条　计量器具的新产品，必须经技术鉴定合格后方准投入生产。具体办法由国家标准计量局会同有关部门制定。

第九条　进口的计量器具，必须经计量管理部门组织检验合格后，方准销售和使用。经检验不合格需向国外提出索赔的，由省、市、自治区以上计量管理部门对外出

— 8 —

证。

进口计量器具的计划，有关部门应会同计量管理部门审定。严禁进口违反我国计量制度和不合使用要求的计量器具。

第十条　对国家明令禁止使用或无合格印证的计量器具，不准收购和销售。

第十一条　使用计量器具的单位，应建立健全计量管理制度，根据实际需要合理选择计量器具，按照检定周期进行检定，以保持计量器具的准确性。经过修理的计量器具，必须经检定合格后方准使用。

计量管理部门对各单位使用计量器具的情况，应当进行监督检查和技术指导。

第十二条　计量器具的检定，必须按照检定规程进行。经检定合格的计量器具，发给检定证书或盖合格印。检定规程、检定印证由国家标准计量局颁布和规定。

第十三条　检定计量器具的收费办法和收费标准，由国家标准计量局会同有关部门制定。

第十四条　凡生产、进口、销售、使用、修理计量器具的单位和个人都必须遵守本条例的规定。对违反国家计

— 9 —

量法令，利用计量器具进行非法活动，破坏社会主义经济和公共利益的单位和个人，计量管理部门可会同有关部门给予处理；情节严重的，交司法部门处理。

第五章　计量机构及其职能

第十五条　计量机构是负责贯彻国家计量法令，执行计量监督管理，建立计量基准器、标准器，组织量值传递和测试工作，保证国家计量制度的统一和计量器具的一致、准确与正确使用的专职机构，应按照"精兵简政"的原则建立与健全。

第十六条　国家标准计量局是国务院主管全国标准化和计量工作的职能部门，负责提出标准、计量工作的指导方针，制定工作规划，管理全国的标准化和计量工作。

省、市、自治区标准计量管理局，及地、市、县计量管理机构，是同级革命委员会的职能部门，负责管理本地区的计量工作。

计量管理部门所属的研究、检定、修理、测试机构和实验工厂，为事业单位。

第十七条　国务院有关部门和人民解放军有关主管部

— 10 —

189

门和省、市、自治区有关部门以及企业、事业单位和部队，应根据国家或地区的规划和需要，设计量机构或专（兼）职人员，并经上一级机关批准，负责管理本部门、本单位的计量工作。

第六章 附 则

第十八条 各省、市、自治区革命委员会，国务院有关部门和人民解放军有关主管部门可根据本条例制定实施办法。

第十九条 本条例的解释，由国家标准计量局负责。

第二十条 本条例自颁发之日起施行。

—11—

《条例》中的名词解释

国际单位制

国际单位制是在米制基础上发展起来的单位制。由于米制从十九世纪创立以来，随着生产和科学技术的发展，在应用过程中，在某些科学技术领域内，出现了多种单位制并用的现象，如力学领域，比较常见的就有四种米制的单位制（米、千克、秒制，米、千克力、秒制；厘米、克、秒制；米、吨、秒制），致使各种单位制之间的换算非常麻烦，浪费人力、物力和时间。为了消除多种单位制并用的现象，国际计量大会于一九六〇年通过了一种国际单位制，推荐各国采用。国际单位制以米制原有的"米"、"千克"（公斤）、"秒"三个基本单位为基础，并将电流强度单位——"安培"、热力学温度单位——"开尔文"、发光强度单位——"坎德拉"（烛光）和物质的量单位——"摩尔"，明确规定为基本单位，其它的单位都按照选定的公式由这七个基本单位导出，称为"导出单位"，从而建立了一种统一的七个基本单位制。我国已经采用的计量单位大部分同国际单位制的计量单位是相同的，只有少数不同。

国家计量基准器

国家计量基准器是体现计量单位量值、具有现代科学技术所能

—12—

达到的最高准确度的计量器具，经国家鉴定合格后，作为全国计量单位量值的最高依据。如"米"、"千克"（公斤）、"秒"等计量单位，都要用国家计量基准器体现出来，并且用它作为全国量值统一的基本依据。例如："千克"的基准器为铂铱合金砝码；"秒"的基准器为铯原子钟。

计量标准器

计量标准器是国家根据生产建设的实际需要，规定不同等级的准确度，用来传递量值的计量器具。

量值

量值是表示一个量大小的计量单位和数值。如米尺上表示的"1米"、"5毫米"，温度计上表示的"50度"、"100度"，等等，都叫量值。

计量器具

凡是表示计量单位和数值的量具和仪器仪表，统称为计量器具。

—13—

抄送：党中央各部门，中央军委办公厅、军委各总部、各军兵种、各大军区。

人大常委办公厅，全国政协秘书处，高法院。

国务院办公室　　　　一九七七年五月二十八日印发

—14—

2. 1972 年武义县新制木杆秤价格表

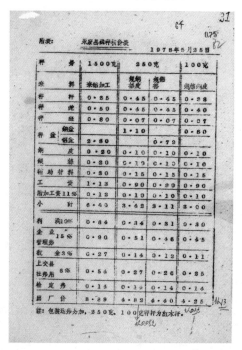

3. 1972 年武义县木杆秤修理配件单价表

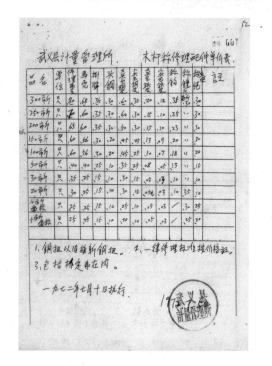

4. 1978 年永康县戥秤核价表

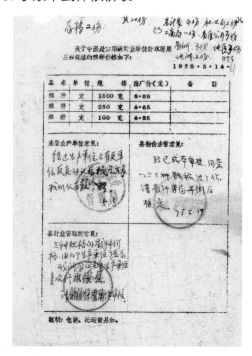

5. 永康市戥秤核价表

参考文献

[1] 李洪涛. 万事由来词典 [M]. 北京：华文出版社，1993.

[2] 王建辉，易学金. 中国文化知识精华 [M]. 第三版. 武汉：湖北人民出版社，1998.

[3] 李希凡. 中国艺术 [M]. 北京：人民出版社，2002.

[4] 林炳文. 中华古代史 [M]. 广州：南方出版社，1999.

[5] 史仲文. 中国全史 [M]. 北京：人民出版社，1995.

[6] 江曾培. 文化鉴赏大成 [M]. 上海：上海文化出版社，1995.

[7] 夏征农. 辞海 [M]. 上海：上海辞书出版社，1983.

[8] 应宝容. 永康县志 [M]. 杭州：浙江人民出版社，1991.

[9] 简洁. 古代衡器 [M]. 合肥：黄山书社，2013.

[10] 叶宁，孙武斌. 永康投入千万整治铸造行业 [N]. 金华日报. 2015-4-4.